RAL · NEU 研究报告　No. 0006

新一代 TMCP 技术在钢管热处理工艺与设备中的应用研究

轧制技术及连轧自动化国家重点实验室
（东北大学）

U0322058

北 京
冶 金 工 业 出 版 社
2014

内 容 简 介

本书介绍了钢管的热处理工艺及控冷技术在钢管生产中的应用现状；天津钢管加速冷却系统设备与应用、宝鸡石油钢管管材柔性热处理设备和管材连续热处理装置的研制情况；详细介绍了 RAL 国家重点实验室近年来利用新一代 TMCP 技术开发 DP、TRIP 钢管的工艺研究成果。

本书对冶金企业、科研院所从事钢管材料研究与开发、工艺开发和钢管热处理设备研发的人员有重要的参考价值，也可供中、高等院校中的钢铁冶金、材料学、材料加工及热处理等专业的从教人员和研究生阅读、参考。

图书在版编目 (CIP) 数据

新一代 TMCP 技术在钢管热处理工艺与设备中的应用研究/
轧制技术及连轧自动化国家重点实验室（东北大学）
著 . —北京：冶金工业出版社，2014.10
（RAL·NEU 研究报告）
ISBN 978- 7- 5024-6753-1

Ⅰ.①新…　Ⅱ.①轧…　Ⅲ.①钢管—热处理—研究　Ⅳ.
①TG162.84

中国版本图书馆 CIP 数据核字（2014）第 236757 号

出 版 人　谭学余
地　　址　北京市东城区嵩祝院北巷 39 号　邮编　100009　电话　(010)64027926
网　　址　www.cnmip.com.cn　电子信箱　yjcbs@cnmip.com.cn
责任编辑　卢　敏　美术编辑　彭子赫　版式设计　孙跃红
责任校对　卿文春　责任印制　牛晓波
ISBN 978-7-5024-6753-1
冶金工业出版社出版发行；各地新华书店经销；北京百善印刷厂印刷
2014 年 10 月第 1 版，2014 年 10 月第 1 次印刷
169mm×239mm；11.5 印张；180 千字；167 页
42.00 元
冶金工业出版社　投稿电话　(010)64027932　投稿信箱　tougao@cnmip.com.cn
冶金工业出版社营销中心　电话　(010)64044283　传真　(010)64027893
冶金书店　地址　北京市东四西大街46 号(100010)　电话　(010)65289081(兼传真)
冶金工业出版社天猫旗舰店　yjgy.tmall.com
（本书如有印装质量问题，本社营销中心负责退换）

研究项目概述

1. 研究项目背景与立题依据

以超快速冷却为核心的新一代 TMCP 技术是轧钢生产中十分重要的一项组织性能控制新技术，该技术通过控制钢材热轧后的冷却速度和路径来改善钢材的组织，以获得良好的综合力学性能。随着控制冷却技术的发展，它已经较成熟地应用于板带材、线棒材、H 型钢等领域，超快速冷却装置与传统冷却方式的配合使用，为超细晶粒钢、DP 钢、TRIP 钢、IF 钢等高附加值产品的在线生产提供了可能。而在钢管生产领域，由于受钢管几何形状、规格品种、轧制工艺、机组设备等因素的制约，在生产过程中的可控因素相对较少，因此钢管控制冷却工艺的应用相对于板带材及棒线材来说还比较少，仍处于探索发展阶段。

我国已是钢管生产和消费的大国，中低端产品的钢管数量和质量已获得了巨大的提升，但在高端产品方面，我国在生产装备、产品品种、质量、成本、废弃资源利用以及环保等方面，与其他先进国家相比还有一定的差距。随着国家产业发展战略对资源节约和可持续发展要求的提高，以及市场竞争的加剧，钢管生产企业越来越需要节约能源、低成本的高性能钢管生产技术，因此，新一代 TMCP 技术在钢管生产中越来越受重视。在无缝钢管生产工艺上，虽然无缝钢管控轧控冷技术不能从变形温度、变形量、变形道次、变形间歇时间、终轧温度及终轧后的冷却工艺等方面形成一套完整的控轧控冷方案，但是目前无缝钢管的控轧控冷技术也形成了包括在线常化、在线淬火和在线加速冷却等多种工艺，呈多样化发展趋势。而在焊管的生产工艺中，一般采用带钢焊接生产几种规格的大直径钢管，再加热后张力减径到小直径钢管，以节约成本，提高生产效率。但经过中间的再加热工序，母材和焊缝的组织将重新发生奥氏体相变，其后的相变如不加以控制，容易造成钢管内部组织粗大，性能降低。所以，需要采用适当的控冷技术对其再加热轧制后的相变过程进行控制，以改善热张减后钢管的组织，提高钢管的性能。

因此，为了适应钢材形变后热处理工艺在钢管生产领域的推广应用，宝鸡石油钢管厂国家石油天然气管材技术研究中心与东北大学就新一代 TMCP 技术应用于钢管生产的相关设备和工艺开展合作研究，在改进现有控冷系统冷却器的结构设计、解决现场钢管冷速小及冷却不均匀问题的基础上，成功研制出管材柔性热处理设备和管材连续热处理装置，而在利用控冷技术开发钢管新品种方面，东北大学 RAL 实验室做了大量的研究工作，成功应用新一代 TMCP 技术开发出具有良好强度和塑性匹配的 DP 钢管及高强度、高塑性的 TRIP 钢管，以期为钢管企业利用控冷技术改善钢管性能、开发钢管新品种提供有益借鉴。

2. 研究进展与成果

（1）为了将轧后控冷技术应用到无缝管生产中，天津钢管公司与东北大学合作研制出热轧无缝管轧后加速冷却系统，通过现场生产实践的检验表明，无缝管轧后在线控制冷却效果明显，钢管整体综合力学性能得到显著提高，为控制冷却技术在钢管领域的应用找到了新的途径。但在现场工艺开发过程中，出现了钢管螺旋形温度不均匀冷却问题，主要原因是冷却器结构设计不合理。因此，东北大学攻克冷却器结构设计难题，自主研制出带有环形斜缝喷嘴的钢管超快冷装置，其特殊的结构设计，能够使喷嘴喷出的冷却水形成水压较大的环形圆孔，直径大于圆孔直径的钢管通过环形斜缝喷嘴时，冷却水以一定的角度均匀喷射到钢管表面，钢管表面的残存水与钢管之间形成的蒸汽膜将会被吹扫掉，可达到钢管与冷却水之间的完全接触，实现核沸腾，极大地提高了冷却速率和冷却均匀性，大大抑制了钢管由于冷却不均匀引起的弯曲变形。目前该项技术已申请国家发明专利，并成功应用于宝鸡钢管柔性热处理设备和管材连续热处理装置上，现场应用效果良好。

（2）应宝鸡石油钢管厂国家管材技术研究中心的要求，东北大学为其研制出用于研究长度为 0.4~0.6m 管材或板材热处理工艺的柔性热处理设备和用于长度为 3~5m 管材热处理工艺的连续热处理装置。两套设备的最大特点是将东北大学自主研制的钢管超快冷装置应用其中，以实现控制钢管冷却的工艺效果。其中，管材柔性热处理设备可实现在保护气氛条件下对要求规格的管材或板材试样进行不同加热与冷却温度、不同加热与冷却速率及不同保温时间下的高精度热处理工艺（正火、淬火、调质、控冷等）研究，最大冷却速率可达 400℃/s，可实现研究人员对不同材质的管材及板材进行热处理工艺和机理的研究，达到为开发新材料、改善热处理工艺提供指导的目的；管材连续热处理装置主要用于对不同材质不同规格（外径 $\phi60.3\sim219$mm，壁厚 $4.0\sim13.72$mm）的管材进行在线加热、控制冷却、淬火、调质、回火等热处理工艺和机理研究，最大冷速可达 120℃/s。该装置囊括了加热后管材的空冷、超快冷直至淬火（DQ）、调质热处理、快速加热回火及回火后空冷或快冷等试验功能，并在节约投资的前提下，实现不同试验功能的有机组合，进行多种形变后热处理工艺的研究和探索，以满足不同性能钢材新品种、新工艺的开发需求，指导生产实践，并可以针对生产线的实际情况，开展探索性工艺试验，为完善生产线轧后热处理工艺积累经验。目前两套设备已投入运行，控冷试验效果良好，将为企业研究钢管热处理新工艺、开发高性能钢管提供设备保证。

（3）在东北大学自主设计的具有超快速冷却能力的控冷试验装置上，RAL 实验室做了大量的试验，采用临界区超快冷淬火+回火的工艺，成功将普通热轧 Q235B 无缝钢管、冷拔 Q345 无缝钢管热处理后升级为 DP 钢管；采用临界区加热+控冷至贝氏体区等温淬火的工艺，开发出冷拔 TRIP 无缝钢管。利用拉伸实验对冷拔 Q345 无缝钢管试制的 DP 钢管的力学性能进行了检测；利用普通拉伸、管端扩口、环形拉伸及液压自由膨胀等试验手段对 TRIP 钢无缝管力学性能及内高压成型性能进行了试验研究，采用试制的 TRIP 钢无缝管成功试制了 T 型管接头和冷弯异形管。结果表明，试制的 DP 钢管、TRIP 钢管均具有良好的成型性能，可以在内高压成型和冷弯成型领域中推广应用。

结合开发 DP 钢管、TRIP 钢管的研究过程，已培养博士毕业研究生 3 名、硕士毕业研究生 5 名、在读博士研究生 1 名；研究成果已先后在中国台湾、日本、澳大利亚等地举行的大型国际会议和著名学术期刊上发表学术论文 30 篇，其中被 SCI 检录 10 篇，被 EI 检录 7 篇，申请国家发明专利 3 项。研究成果在 2012 年度的中国金属学会钢管学术年会上首次公开发表时，曾受到与会人员的一致好评。研究所形成的高强塑性 TRIP 钢管、DP 钢管的制造技术及其配套的装备已受到国内钢管企业的广泛关注，在异形钢管、内高压成型原材料及抗大变形管线管等领域展现出很好的推广应用前景。

3. 论文与专利

论文：

（1）Zhu Fuxian, Zhang Zicheng, Chen Liqing, et al. Research and development of 600MPa grade high strength thin-walled TRIP steel tube for tube hydroforming [J]. Journal of the Chinese Society of Mechanical Engineers, 2010, 31 (2)：93~97.

（2）Zhang Zicheng, Zhu Fuxian, Li Yanmei. Effect of thermo mechanical controlled processing on the microstructure and mechanical properties of Fe-0.2C-1.44Si-1.32Mn TRIP steel [J]. Journal of Iron and Steel Research International, 2010,17(7)：44~50.

（3）Zhang Zicheng, Zhu Fuxian, Li Yanmei, et al. Effect of isothermal bainite treatment on microstructure and mechanical properties of low-carbon TRIP seamless steel tube [J]. Steel Research Internationl, 2012,83(7):645~652.

（4）Zhang Zicheng, Zhu Fuxian, Di Hongshuang, et al. Effect of heat treatment on microstructure and mechanical properties of low-carbon TRIP steel tube [J]. Materials Science Forum (The 7th Pacific Rim International Conference on Advanced Materials and processing) 2010, 654~656：290~293.

（5）Zhang Mingya, Zhu Fuxian, Zheng Dongsheng. Mechanical properties and retained austenite transformation mechanism of TRIP-aided polygonal ferrite matrix seamless steel tube [J]. Journal of Iron and Steel Research (International), 2011,18(8):73~78.

（6）Zhang Mingya, Zhu Fuxian, Duan Zhengtao, et al. Characteristics of retained austenite in TRIP steels with bainitic ferrite matrix [J]. Journal of Wuhan University of Technology-Mater. Sci. Ed,26(6):1148~1151.

（7）Zhang Zicheng, Li Yanmei, Manabe Ken-ichi, et al. Effect of heat treatment on microstructure and mechanical properties of TRIP seamless steel tube [J]. Materials Transactions, 2012,53(5):833~837.

（8）Zhang Zicheng, Manabe Ken-ichi, Zhu Fuxian, et al. Evaluation of hydroformability of TRIP steel tubes by flaring test ［J］. Journal of the Chinese Society of Mechanical Engineers, 2010, 31 (1)：39~46.

（9）Liu Jiyuan, Zhang Zicheng, Zhu Fuxian, et al. Effect of cooling method on microstructure and mechanical properties of hot-rolled C-Si-Mn TRIP steel ［J］. Journal of Iron and Steel Research (International), 2012,19(1):41~46.

（10）张明亚，朱伏先，马世成，等. 冷轧 Q345 钢退火工艺的实验研究 ［J］. 东北大学学报（自然科学版），2011,32(8):1111~1114.

（11）张明亚，朱伏先，段争涛，等. 退火马氏体基体 TRIP 钢拉伸过程中的残余奥氏体转变研究 ［J］. 钢铁，2012,47(6):60~63.

（12）Zhu Fuxian, Zhang Mingya, Zheng Dongsheng. Transformation of induced plasticity behaviors of TRIP steels with different heat treatment process ［J］. Advanced Materials Research, 2011,150~151:118~122.

（13）郑东升，朱伏先，张明亚，等. 微合金化热轧 TRIP 钢的工艺模拟 ［J］. 钢铁研究学报，2012,24(7):49~53.

（14）郑东升，朱伏先，李艳梅，等. 空冷弛豫对铌微合金化热轧 TRIP 钢组织性能的影响 ［J］. 材料热处理学报，2011,32(3):73~78.

（15）郑东升，朱伏先，李艳梅，等. 空冷弛豫对铌微合金化热轧多相钢组织性能的影响 ［J］. 钢铁，2011,46(4):70~75.

（16）郑东升，朱伏先，李艳梅. 含铌微合金化热轧多相钢的控轧控冷工艺 ［J］. 钢铁研究学报，2010,22(8):41~44.

（17）郑东升，朱伏先，张明亚，等. Nb-Ti 微合金化热轧多相钢的组织和性能 ［J］. 东北大学学报（自然科学版），2010,31(6):803~807.

（18）李艳梅，郑东升，朱伏先. 控轧温度区间对含 Nb 热轧多相钢组织和性能的影响 ［J］. 东北大学学报（自然科学版），2009, 30 (12)：1735~1738.

（19）Zhang Zicheng, Li Yanmei, Manabe Ken-ichi, et al. Influence of heat treatment on microstructure and circumferential mechanical properties of TRIP seamless steel tube［C］//Proceedings of the 5th International Conference on Tube Hydroforming, TUBEHYDRO2011, Japan, 2011：211~214.

（20）Zhang Zicheng, Zhu Fuxian, Manabe Ken-ichi, et al. Effect of intercritical annealing holding time on microstructure and axial mechanical properties of TRIP seamless steel tub[C]//Proceedings of the 5th International Conference on Tube Hydroforming, Tubehydro 2011, Japan, 2011：215~218.

（21）Zhang Zicheng, Manabe Ken-ichi, Mirza Mohammad Ali, et al. Determination of material constants of fracture ductility criterion by flaring test [C]. Proceedings of International Conference on Materials Processing Technology, USA, 2012：77~81.

（22）Zhang Zicheng, Manabe Ken-ichi, Li Yanmei, et al. Effect of heat treatment on hydroformability of TRIP seamless steel tube [C]. 15th International Conference on Advances in Materials and Processing Technologies, Australia, 2012.

（23）Zhang Zicheng, Manabe Ken-lchi, Furushima Tsuyoshi, et al. Development of cyclic rotating bending process for microstructure control of AZ31 magnesium alloy tube [C]. The 3rd International Conference on Advances in Materials and Manufacturing Processes, China, 2012.

（24）Li Yanmei, Zheng Dongsheng, Zhu Fuxian. Effect of finish rolling temperature ranges on microstructure and mechanical properties of Hot Rolled Multiphase Steel [J]. Journal of Steel Research International (The 13th International Conference on Metal Forming, Toyohashi, Japan, 2010,81(9):66~69.

（25）张自成，朱伏先. 高强塑性 TRIP 钢无缝管的开发及其内高压成型性能的研究 [J]. 钢管，2012,41(2):13~23.

（26）朱伏先，张自成，李艳梅. 高成型性高强度钢管制造技术的研究新动向 [J]. 钢管，2010,39(1):35~37.

（27）朱伏先，张明亚. 双相钢无缝钢管的中频感应热处理工艺研究 [J]. 钢管，2013,42(4):11~15.

（28）张自成，朱伏先. TRIP 钢无缝管的开发及其成型性分析 [J]. 钢管，中国工程学，2014, 16 (2)：46~52.

专利：

（1）骆宗安，王国栋，冯莹莹，等. 一种钢管超快速冷却装置. 2013,

中国，CN201210345413.4.

（2）朱伏先，张明亚，刘纪源，等．一种钢管的中频感应热处理装置及热处理方法．2012，中国，CN201110333420.8.

（3）张明亚，朱伏先，马世成，等．一种在线制造相变诱发塑性钢无缝管的方法．2012，中国，CN201110333429.9.

（4）朱伏先，张自成，张明亚，等．一种相变诱发塑性钢无缝管．2012，中国，CN201110333479.7.

4. 项目完成人员

主要完成人	职　称	单　位
王国栋	教授（院士）	东北大学 RAL 国家重点实验室
骆宗安	教授	东北大学 RAL 国家重点实验室
朱伏先	教授	东北大学 RAL 国家重点实验室
冯莹莹	助理研究员	东北大学 RAL 国家重点实验室
苏海龙	高级工程师	东北大学 RAL 国家重点实验室
刘彦春	副教授	东北大学 RAL 国家重点实验室
李艳梅	副教授	东北大学 RAL 国家重点实验室
宫志民	硕士生	东北大学 RAL 国家重点实验室
韩　宇	硕士生	东北大学 RAL 国家重点实验室
唐德虎	硕士生	东北大学 RAL 国家重点实验室
张自成	博士生	东北大学 RAL 国家重点实验室
张明亚	博士生	东北大学 RAL 国家重点实验室
刘纪源	博士生	东北大学 RAL 国家重点实验室

5. 报告执笔人

骆宗安、朱伏先、唐德虎。

6. 致谢

本研究是在东北大学轧制技术及连轧自动化国家重点实验室王国栋院士的悉心指导下，在课题组成员的精诚合作下完成的。本研究多个课题被列为东北大学东北大学轧制技术及连轧自动化国家重点实验室部署项目，项目完成过程中，实验室完善的装备条件和先进的检测手段，为本研究创造了良好的研究环境，衷心感谢实验室各位领导、相关老师和工程技术人员所给予的热情帮助和大力支持。同时，宝鸡石油钢管厂钢管研究院和天津钢管公司等单位给予了本研究宝贵的支持，在他们的密切配合下，顺利完成设备的安装和调试，在此，向他们表示衷心的感谢。

目　录

摘　　要

以超快速冷却为核心的新一代 TMCP 技术已经较成熟地被应用于板带材、线棒材、H 型钢等领域，超快速冷却装置与传统冷却方式的配合使用，为超细晶粒钢、DP 钢、TRIP 钢、IF 钢等高附加值产品的在线生产提供了可能。而在钢管生产领域，由于受钢管几何形状、规格品种、轧制工艺、机组设备等因素的制约，在生产过程中的可控因素相对较少，因此钢管控制冷却工艺的应用相对于板带材及棒线材来说还比较少。东北大学 RAL 国家重点实验室就新一代 TMCP 技术应用于钢管生产的相关设备和工艺开展了相关研究，形成了比较完整的钢管新一代 TMCP 热处理工艺及设备。主要研究工作和成果如下：

（1）将轧后控冷技术应用到天津钢管公司的无缝管生产中，无缝管轧后在线控制冷却效果明显，钢管整体综合力学性能得到显著提高，为控制冷却技术在钢管领域的应用找到了新的途径。自主研制出带有环形斜缝喷嘴的钢管超快冷装置，其特殊的结构设计，能够使喷嘴喷出的冷却水形成水压较大的环形圆孔，直径大于圆孔直径的钢管通过环形斜缝喷嘴时，冷却水以一定的角度均匀喷射到钢管表面，钢管表面的残存水与钢管之间形成的蒸汽膜将会被吹扫掉，可达到钢管与冷却水之间的完全接触，实现核沸腾，这极大地提高了冷却速率和冷却均匀性，大大抑制了钢管由于冷却不均匀引起的弯曲变形。

（2）为宝鸡石油钢管厂国家管材技术研究中心研制出用于研究长度为 0.4~0.6m 管材或板材热处理工艺的柔性热处理设备和用于进行长度为 3~5m 管材热处理工艺的连续热处理装置，两套设备的最大特点是将东北大学自主研制的钢管超快冷装置应用其中，以实现控制钢管冷却的工艺效果。其中，管材柔性热处理设备可实现在保护气氛条件下对要求规格的管材或板材试样进行不同加热与冷却温度、不同加热与冷却速率及不同保温时间下的高精度热处理工艺（正火、淬火、调质、控冷等）研究，最大冷却速率可达

400℃/s，可实现研究人员对不同材质的管材及板材进行热处理工艺和机理的研究，达到为开发新材料、改善热处理工艺提供指导的目的。管材连续热处理装置主要用于对不同材质不同规格（外径 ϕ60.3～219mm，壁厚 4.0～13.72mm）的管材进行在线加热、控制冷却、淬火、调质、回火等热处理工艺和机理研究，最大冷速可达 120℃/s。该装置囊括了加热后管材的空冷、超快冷直至淬火（DQ）、调质热处理、快速加热回火及回火后空冷或快冷等试验功能，并在节约投资的前提下，实现不同试验功能的有机组合，进行多种形变后热处理工艺的研究和探索，以满足不同性能钢材新品种、新工艺的开发需求，指导生产实践，并可以针对生产线的实际情况，开展探索性工艺试验，为完善生产线轧后热处理工艺积累经验。目前两套设备已投入运行，控冷试验效果良好，将为企业研究钢管热处理新工艺、开发高性能钢管提供设备保证。

（3）在东北大学自主设计的具有超快速冷却能力的控冷试验装置上，RAL 实验室做了大量的试验，采用临界区超快冷淬火+回火的工艺，成功将普通热轧 Q235B 无缝钢管、冷拔 Q345 无缝钢管热处理后升级为 DP 钢管；采用临界区加热+控冷至贝氏体区等温淬火的工艺，开发出冷拔 TRIP 无缝钢管。利用拉伸实验对冷拔 Q345 无缝钢管试制的 DP 钢管的力学性能进行了检测；利用普通拉伸、管端扩口、环形拉伸以及液压自由膨胀等试验手段对 TRIP 钢无缝管力学性能及内高压成型性能进行了试验研究，采用试制的 TRIP 钢无缝管成功试制了 T 形管接头和冷弯异形管。结果表明，试制的 DP 钢管、TRIP 钢管均具有良好的成型性能，可以在内高压成型和冷弯成型领域中推广应用。

关键词：钢管热处理；TMCP 技术；无缝管轧后在线控制冷却；柔性热处理设备；热处理工艺；DP 钢管；TRIP 钢无缝管；力学性能；内高压成型

1 钢管的热处理工艺及控冷技术在钢管生产中的应用现状

1.1 钢管热处理

钢管作为一种经济型钢材，是国民经济建设的重要原材料之一。由于钢管具有中空封闭的特点，所以被广泛应用于各种液体和气体的管道输送。另外它与相同横截面积的圆钢、方钢相比，具有较大抗弯抗扭强度的特点，故也被用做各种机器构件和建筑钢结构等[1]。

按照生产方式分类，钢管可分为无缝管和焊管两大类，如图1-1所示。无缝钢管又可分为热轧管、冷轧管、冷拔管和挤压管等，冷拔、冷轧管是钢管的二次加工；焊管分为直缝焊管和螺旋焊管。热轧无缝钢管生产过程是将实心管坯（或钢锭）穿孔并轧制成要求的形状、尺寸和性能的钢管，冷轧、冷拔和冷旋压属于钢管冷加工方法，可生产比热轧产品尺寸规格更小的各种精密、薄壁、高强度及其他特殊性能的无缝钢管；焊接钢管也称焊管，其生产方法是将管坯（钢板或钢带）用各种成型方法弯卷成要求的横断面形状，然后用不同的焊接方法将焊缝焊合。

a   b

图 1-1 无缝钢管（a）和焊管（b）

由于使用的原料、加工方法不同，使得无缝钢管和焊管在性能、尺寸精度等许多方面存在差异。单就使用方面而言，无缝钢管的主要优点是力学性能、抗挤毁性能、抗腐蚀性能比较均匀，缺点是壁厚精度低；焊管的优点是壁厚精度高，缺点是焊缝处的力学性能、抗腐蚀性能等比其他部位有所降低。从生产角度分析，无缝管的单重低，成材率低，设备投资大；焊管的生产效率高，设备相对简单，且大直径输送管只能用焊管。20 世纪 30 年代以来，随着优质带钢连轧生产的迅速发展（厚度偏差小、力学性能均匀）以及焊接和检验技术的进步、焊缝质量不断提高，焊接钢管的品种规格日益增多，在很多领域替代了无缝钢管，应用越来越广，无缝钢管正在向高温、高压、抗压、抗拉、高抗腐蚀、高耐磨等方向发展。

世界各国特别是工业发达国家都十分重视钢管行业的发展。我国已是钢管生产和消费大国，虽然中低端产品的钢管数量和质量都获得了巨大的提升，但在高端产品方面，我国在生产装备、产品品种、质量、成本、废弃资源利用以及环保等方面，与其他先进国家相比还有一定的差距，再加之世界各大钢管生产企业集团化运作，国际国内钢管市场的竞争越来越激烈。因此，如何节能降耗，提高钢管类产品的质量和生产效率，研究开发出高档次管材产品就成为了我国钢管类企业所要面临的重要问题[2,3]。

钢管作为一种产品必须具备一定的性能才能满足使用条件的要求。改善钢的性能有两个途径：一是调整钢的化学成分，即用合金化的方法；二是热处理及热处理和塑性变形相结合的方法。在现代工业技术领域，热处理仍是改善钢管性能与质量的重要手段。热处理是通过加热、保温及冷却过程使钢管获得一定的金相组织和与之相对应的各种性能，满足产品标准及用户的要求。同时，钢管热处理对发掘金属材料性能潜力和提高钢管的使用寿命、改善钢管的使用性能具有极其重要的作用，金属材料的内部组织结构，如晶粒形态及其大小、晶界结构、强化相与夹杂物的形态和分布及各种缺陷、内应力大小等都会影响钢管使用寿命和性能。

钢管热处理的目的体现在以下几个方面：

（1）钢管组织均匀化：通过热处理可以消除原来钢管中产生的组织性能不均，达到所要求的均匀组织和物理性能；

（2）消除生产中留下的缺陷：如冷拔钢管加工后产生硬化使强度提高

1.3~1.6 倍，伸长率相应降低了 30%~50%，继续冷加工就会拔断，因此需要中间退火以消除内应力；当热轧无缝钢管中残余应力较大，影响其抗腐蚀性能、抗挤毁性能时，也需要进行热处理以便消除残余应力；

（3）提高钢管的质量：为了提高产品质量，适应高钢级用途，延长使用寿命，增加产品竞争力，满足不同用户的要求也要进行热处理；

（4）简化工艺：同一种原料和加工方法，通过控制热处理条件，可以生产出具有多种不同性能的产品，从而可使原料单一化而性能多样化。

1.2 钢管的热处理工艺

1.2.1 钢管主要的热处理工艺

按照钢管产品标准的技术条件要求，钢管热处理所采用的方法是各式各样的，主要有退火、常化、常化后回火以及淬火后回火等。各种钢管热处理方法和热处理时的加热冷却曲线见表 1-1[4]。

表 1-1 各种热处理工艺

热处理方法	热处理曲线	适用实例
完全退火	加热 常温 900~930℃ 20~90min 炉冷 50~70℃/h	锅炉、热交换器用合金钢钢管；配管用合金钢钢管
恒温退火	加热 常温 900~930℃ 12~40min 12~40 min 690~730℃ 60~210min 空冷	
球化退火 缓冷法	加热 常温 780~810℃ 缓冷 <10℃/h 600℃ 空冷	轴承钢
球化退火 恒温保持法	加热 常温 780~810℃ 240~360min 720℃ 240~360min 缓冷10~15℃/h 600℃ 空冷	

续表 1-1

热处理方法	热处理曲线	适用实例
去应力退火与再结晶退火	去应力退火：A_{C1} 点以下； 再结晶退火：400～650℃ 加热　空冷 常温	所有钢管，特别是冷加工钢管；机械构造用钢管
退火	820～910℃ 加热　　空冷 10～20min 常温	所有钢管，特别是优质碳素钢管和低合金钢管
常化-回火	加热　820～910℃　空冷　580～700℃　空冷 常温　10～20min　　20～150min	锅炉、热交换器用合金钢钢管
淬火-回火	880～900℃　　580～700℃ 加热　　水冷　　　空冷 常温　10～30min　20～150min	石油管输送管
固溶处理	920～1180℃ 加热　　水冷 常温　1～25min	奥氏体不锈钢管
常化	700～830℃ 加热　　空冷 常温　10～20min	铁素体不锈钢管

1.2.2 钢管在线常化工艺

在线常化工艺是无缝钢管生产中应用较多的一种热处理工艺，其原理是在连轧后再加热前将钢管冷却到相变点 A_{r3} 以下，通过奥氏体向铁素体转变，使钢管进入再加热炉前进行一次相变，在再加热炉内重新加热奥氏体化后，利用重结晶细化奥氏体晶粒的过程。在线常化热处理工艺的主要装置多设在轧管机之后定（减）径机之前，现在多用于石油套管、高压锅炉管等产品的生产中。其中轧管机后、再加热炉前的冷却，主要采用冷床上的待温冷却，冷却速度的控制受到一定的限制[5~7]。

1.2.3 钢管在线加速冷却工艺

在线加速冷却是在奥氏体未再结晶温度以下将控制轧制所获得的形变奥氏体以约 10~50℃/s 的典型冷速通过 750~500℃ 的相变区，显微组织得到细化，从而显著提高强度和韧性的过程[8,9]。其冷却装置多设在钢管定（减）径机之后。对某些钢种，在线常化工艺与加速冷却工艺的适当配合，与单一控冷工艺相比，对产品的综合力学性能有更好的提升。目前加速冷却工艺的应用尚不成熟，以下对一些已被提出或已应用的加速冷却形式作一介绍。

1.2.3.1 冷床上实施加速冷却

一般钢管经过定、减径轧机后，须经过多个冷床进行空冷，为提高冷却速度，常在冷床的侧面设置多个风机风冷，或在靠后的冷床上实施喷淋冷却，其冷却速度一般较低，且对钢管质量影响不大，主要起到降温作用。据鞍钢的一则专利报道，在无缝钢管热轧机后的冷床上设置加速冷却钢管的装置，利用钢管集中的特点，通过旋芯喷嘴进行多级连续强制冷却，冷却速度可达 5~15℃/s，并通过开冷和终冷温度以及冷却强度的控制，可实现调质功能。其冷却系统示意如图 1-2 所示[10]。

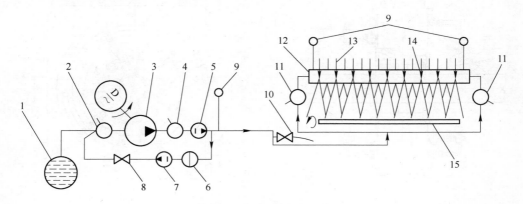

图 1-2　冷床上的加速冷却系统

1—水源；2，4，11—进水球阀；3—高压水泵；5，7—止回阀；6—流量计；

8，10—截止阀；9—压力表；12—集管；13—∩形导管；14—喷嘴；15—钢管该冷却系统结构简单，易于操作，但由于其装置设置于热轧后的高温冷床上，为获得较高强韧性的钢管产品，冷却装置除了需要提供较大的冷却速率和冷却速度范围外，还必须使钢管长度方向和周向上获得均匀的冷却介质，这就要求钢管在冷床上横向移动的同时，自身需有一定的旋转，适用于冷床上大面积滚动前进的钢管的在线冷却。为了提高钢管的冷却效果，对冷床的结构有一定的要求，以使钢管的横移速度、节奏与冷却能力相匹配，另外，冷床上对高温钢管实施高压喷水作业，对工厂的环境影响较严重。

1.2.3.2 辊道上的加速冷却

冷床上对钢管实施的冷却，要求钢管横向滚动。在现有冷床的条件下，主要采用在冷床上方对钢管实施单侧喷水，钢管集中冷却，冷却过程中要求钢管自身滚动，这样冷却存在冷却散热条件差，冷却均匀性不易控制，冷却设备庞大等缺点。为此如何使用像板带、棒线等产品类似的通过式的控制冷却方式生产无缝钢管，一直以来成为人们所关注的一项新技术。

为了探索新的冷却技术，宝钢从钢种开发、冷却装置设计等方面作了一定的研究工作，宝钢开发设计的加速冷却装置如图 1-3 所示[8]。

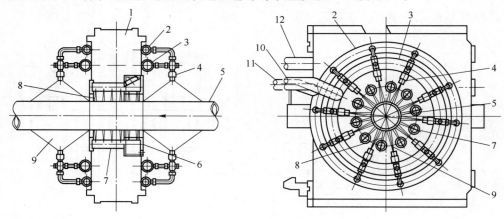

图 1-3　宝钢加速冷却装置

1—原导向机架本体；2—冷却气环；3—冷却水环；4—水气混合喷嘴；5—钢管；

6—连接喷水套筒水环；7—喷水套筒；8—冷却水；9—水气混合冷却水；

10—冷却水环进水口；11—冷却气环进气口；12—喷水套筒进水口

该冷却装置是按照现场的条件和实验室加速冷却模拟装置的情况，对张力减径机的导向机架进行改造，并经过多次试验确定的。改造后的导向机架可以实现喷水雾冷却，在每个导向机架两侧各安装 1 组冷却水气环，而每个导向机架中间，安装一套喷水套筒，在进行加速冷却时共有 10 组冷却水气环和 5 组喷水套筒对钢管外表面进行喷水和水雾冷却。经过对冷却方式的实验分析，认为水雾冷却是一种理想的冷却方式，并且对部分微合金钢实施加速冷却研究发现，其性能可达到 N80 级钢管要求。

天津钢管公司针对热轧后进行加速冷却后的钢管组织性能变化也作了大量的实验研究，表明加速冷却后的无缝钢管产品综合力学性能得到了显著的提升，加速冷却设备的应用为无缝钢管新产品的开发提供新的途径，并在 Assel 轧管生产线上开发布置了一套无缝钢管加速冷却控制系统。

天津钢管集团引进的在线加速冷却系统，最大特点是它利用可变角度的辊道，使经过此种辊道的钢管可以实现轴向前进和周向旋转的螺旋形动作，这样通过合理的设计和布置冷却器、并调整适当的辊道角度，可以比较简单的实现对钢管表面的均匀冷却。在该冷却系统中冷却器设计为长方体形，在钢管周向的上下左右四个方向各布置一个，这样四个为一组，根据冷却要求和现场实际情况在钢管轴向方向上可配置多组冷却器。其冷却器在钢管周向的布置情况如图 1-4 所示。该冷却系统的优点在于，钢管可以旋转前进，冷却均匀效果容易实现，可以有效防止直接推进式大冷却时发生的弯管现象，冷却器制造较简单，钢管在轧制线上冷却，生产效率较高。

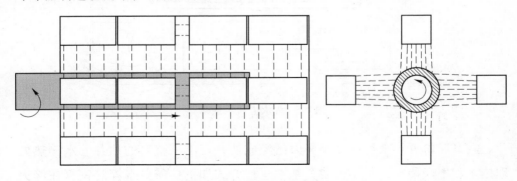

图 1-4 组合式快速冷却装置

1.2.4 淬火热处理工艺

随着用户对油井管性能、质量要求的提高，国内外许多钢管生产企业纷纷研发钢管水淬技术，并且在线淬火技术现已得到成功应用。为此，有必要在关注以上两种控冷技术的同时对淬火热处理技术作一介绍。

淬火可分为局部连续淬火和全长同时淬火，其水淬方式如图 1-5 所示[11]。

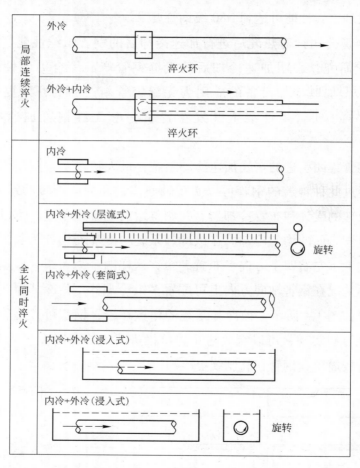

图 1-5　淬火方式示意图

宝钢股份近年来经过多年努力已经成功开发出一整套的油井管水淬热处理技术和生产装置，其淬火装置基本运行方式如下：需要水淬的钢管在淬火加热炉加热到一定的淬火温度，经出炉输送辊道输送至淬火待机位，由斯惠顿杠杆式的受料装置将钢管送至旋转装置的旋转轮上，钢管到位后，压紧装置的压紧轮将旋转中的钢管压紧，挡水装置的挡水板向外移出，挡水移动门关闭，喷水装置进行喷水淬火处理，处理完成以后钢管由出料装置送至控水装置上排出管内积水后，再经回火炉输送辊道进入回火炉进行回火处理。这一淬火系统的研制为我国生产高钢级、高质量油井管提供了强有力的支持，为了进一步的挖掘钢管淬火系统的潜力，又提出了在线实现水淬处理的工艺思路。这种构想已在日本和歌山制铁所的中直径无缝钢管生产机组得以实现，该生产线以简单、紧凑为理念，引入一套在线热处理生产设备，实现了高质量钢管的高效、短周期生产，并可以在线完成 90% 以上需热处理的钢管的生产。该在线热处理设备的特点在于：在终轧机后布置步进式加热炉，该加热炉的特点在于实现轧后直接热装炉，节能并缩短了工艺步骤，可以确保钢管的淬火温度和均热性；其后设置冷却装置（见图 1-6），多用于中直径钢管的冷却，钢管均热后，整体迅速移入冷却区，一次完成冷却。冷却中的钢管管端是由夹具固定的喷水装置，在钢管旋转的过程中，对钢管内表面进行高压喷水，同时对钢管外表面在长度方向运用板层流冷却方式，实现钢管的均匀而且高冷却速度的冷却。经过淬火处理后的钢管，将被送入步进式加热炉进行回火处理[12,13]。

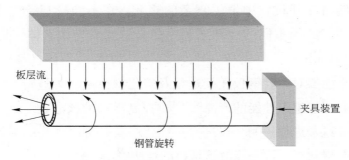

板层流

夹具装置

钢管旋转

图 1-6 在线淬火装置示意图

1.3 以超快冷技术为核心的新一代 TMCP 技术

控制轧制和控制冷却（简称控轧控冷，英文缩写 TMCP）技术是随着钢铁材料性能的提高和新钢种开发的需要而产生的，并随之得到了持续的发展与应用，其可在不降低韧性的前提下获得更高的强度和更优良的韧性[14,15]。

TMCP 技术作为实现钢铁材料组织细化的重要技术手段，已成为现代轧制生产中不可缺少的工艺技术，是 20 世纪钢铁业最伟大的成就之一[16,17]。

超快速冷却（Ultra Fast Cooling，简称 UFC）是近年来国际上发展起来的一项典型的射流冲击高速冷却技术，具有占地少、用水量小、冷却速率大（对于 4mm 以下的薄带钢，冷却速率最高可达 300℃/s）的特点，能充分满足轧后的冷却需要[18]。该项技术已成为新一代 TMCP 的核心技术，结合普通层流冷却系统（ACC），根据所需组织性能的不同，通过采用不同的布置形式实现各种冷却路径的控制。

超快速冷却的特征在于[18]：

（1）倾斜喷射缝隙喷嘴，利用高压水吹扫气膜，使得水与钢板表面全面接触，达到全板面的均匀核沸腾，大大提高冷却效率；

（2）通过高精度的控制系统实现钢板冷却的高度均匀性；

（3）比传统 TMCP 的冷却速率提高 2~5 倍；

（4）轧后冷却工艺路径控制更加灵活。

随着钢铁材料品种开发的需要，控制冷却技术已由传统的对钢板开冷温度和终冷温度的控制转向对整个冷却过程的控制，其实质是通过对轧后钢板冷却过程的温度控制，达到对板带冷却过程中相变及组织形态的控制[19]。

钢板在轧后冷却过程中发生复杂的相变。在不同冷却条件下，奥氏体（A，Austenite）经历不同的冷却工艺路径会转变成为铁素体（F，Ferrite）、珠光体（P，Pearlite）、贝氏体（B，Bainite）以及马氏体（M，Martensite）等组织。如果能够对轧后钢板相变过程及碳化物析出行为进行严格控制，便可以获得具有理想组织性能的产品[20,21]。控制冷却的核心是对处于硬化状态的奥氏体相变过程进行控制，以进一步细化晶粒，析出强化或通过相变强化得到贝氏体等强化相，进一步改善材料的性能[22]。

以新一代 TMCP 技术为核心，在再结晶区终轧后，在奥氏体发生再结晶的初期（晶粒非常细小）或变形奥氏体来不及再结晶的条件下，快速冷却至 A_{r3} 温度之上，进行加速冷却完成对相变产物的控制。与传统 TMCP 相比，UFC 可以使相变过程发生在相对较低的温度区间，有利于产生细小的铁素体晶粒。因此，采用这种超快速冷却技术，可以大幅度提高再结晶终止温度，钢中微合金元素的用量可以较大程度的降低。

目前，轧后超快冷技术已经成为热轧板带材生产线改造的重要方向，已用于生产中厚板、热轧带钢、棒线材、H型钢、钢管等90%以上的热轧钢材。与常规冷却方式相比，超快冷不仅可以提高冷却速率，且与常规ACC配合可实现与性能要求相适应的多种冷却路径优化控制。

1.4 钢管控制冷却技术发展现状

控制冷却技术是轧钢生产中十分重要的一项工艺技术，它通过控制轧后钢材的冷却速度和路径来改善钢材的组织和性能，以获得良好的综合力学性能。随着控制冷却技术的发展，它已经较成熟的应用于板材、带材、线材等领域，超快速冷却装置与传统冷却方式的配合使用，为超细晶粒钢、双相钢（DP钢）、相变诱导塑性钢（TRIP钢）、铁素体区热轧无间隙原子钢（IF钢）等高附加值产品的生产提供了有效的途径。而在钢管生产领域，控制冷却技术较好的应用主要体现在管线用板带材产品的生产。由于控制冷却技术的应用，各种管线用板带材产品的质量不断提高，合金元素减少、成本降低、焊接性能也得到提高，另外，加之焊接技术的提高，在一定的范围内，部分无缝钢管类产品的市场已被焊管类产品所取代。

在钢管生产领域中，由于钢管生产机组的复杂性和多样性，产品外形特点和其尺寸规格的多样性，以及钢管生产过程中的变形温度、变形量、冷却温度及冷却速率等参数对钢管组织性能变化规律的影响研究还比较缺乏，目前钢管控制冷却工艺的应用相对于板带材及棒线材来说较少。当前钢管领域中的控制冷却技术的研究和发展状况可以简单的归纳如下[23]：

（1）控轧控冷技术已经比较广泛的应用于板带材产品中，而钢管及型钢类产品，由于其产品形状复杂，品种规格多样而很少被应用。热轧板带产品断面形状简单，冷却装置设计较方便，冷却理论和技术发展较成熟，现在层流冷却和水幕冷却在此类热轧控冷生产中应用的十分广泛。特别是薄板带产品的厚度尺寸小，冷却技术比较完善，产品整体可实现超快速冷却，并可以较精确控制其冷却过程中的温度和卷取温度，已成为提高产品质量的重要手段，另外利用不同的冷却策略，可以生产多种类型的高附加值产品。这些都将是钢管控制冷却技术发展中重要的借鉴和参考资料；

（2）现有钢管生产多采用空冷、风冷或直接淬火的冷却方式，产品以低中档为主，且此类产品市场逐渐趋于饱和，而高质量产品市场需求较大，进口量较多；

（3）高档次钢管产品的生产，大多需要进行后续热处理，而传统的离线热处理工艺复杂，能量消耗大，生产周期长。为了降低成本，提高生产效率，在线热处理技术逐渐开始运用，并得到不断的重视和发展；

（4）无缝钢管在线热处理工艺技术逐渐得到重视，主要表现如下：目前石油管等生产中较多应用了在线常化工艺技术，日本和歌山制铁所已成功将在线淬火工艺应用于该厂 90% 的适用热处理工艺的产品，天津钢管集团 ASSEL 轧管生产线设计并投入了一套在线加速冷却系统，无缝钢管企业正在不断努力提高自身热处理工艺水平和生产效率；

（5）随着钢管生产的自动化水平不断提高，系统的高效自动化控制已是现代钢管生产中冷却技术发展的必然选择。

2 天津钢管加速冷却系统研究

在无缝钢管领域，正火、淬火、回火等常规的热处理工艺一直以来都是高质量产品生产的重要的工艺之一。目前，随着控制冷却技术和工业自动化技术的发展，在线热处理技术已得到一定的应用，控制冷却技术在无缝钢管生产中的应用，也开始被重视并发展起来。

为了将轧后控制冷却技术更好地推广并应用于无缝管生产中去，东北大学轧制自动化重点实验室（RAL）与天津钢管集团合作开展了一系列无缝钢管轧后控制冷却相关技术的应用研究，并研制出无缝钢管加速冷却系统，成功用于天津钢管集团 ϕ219mm 阿塞尔（Assel）轧管生产线上（定径机与冷床之间），现对 Assel 轧管生产线做以下介绍[24,25]。

天津钢管集团 ϕ219mm 阿塞尔（Assel）轧管机组可轧制产品规格为外径89~219mm、壁厚5.5~55mm、长度6.0~12.5m，品种为石油套管接箍料、厚壁机械管、结构管、高压锅炉管、液压支柱管、石油钻铤、钻具、钻杆等管材。Assel 轧管机特点在于经斜轧穿孔后的毛管，继续经 3 个斜置轧辊减径减壁延伸轧制，主要适于小批量、多规格、多品种的管材生产，在中厚壁和厚壁无缝钢管生产中可获得较高的壁厚精度。

该轧管机组生产工艺流程如图 2-1 所示，管坯进入 ϕ21m 环形加热炉内并加热至工艺要求的温度后，加热合格的管坯由出料机夹出炉外，放入输送辊道，高温状态的管坯经两次翻料进入锥形穿孔机前台受料槽，推钢机将管坯推入穿孔机穿制成毛管，毛管移出定心辊轧制位后由移送小车将毛管送到阿塞尔轧管机前台料架，再由移送臂将毛管移至穿棒位置，毛管穿棒后实施限动芯棒轧制，经阿塞尔轧管机轧制的荒管由输送辊道送至高压水除鳞装置，对荒管表面除鳞后进入三辊微张力定（减）径机规圆轧制，定（减）径后的钢管经过测厚装置后，经可变角度辊道通过控制冷却装置并冷却，冷后钢管由翻料臂移送至链式滚动式冷床冷却后送入精整工序，精整矫直前根据工艺要求，可选择喷淋冷却。

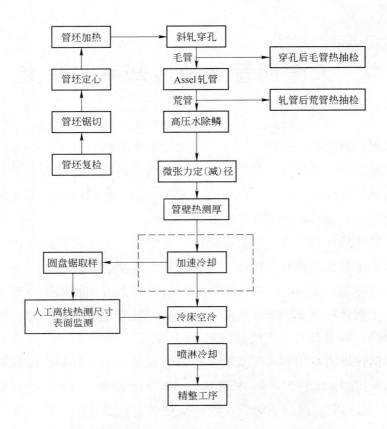

图 2-1 φ219mm 阿塞尔轧管机组生产工艺流程图

从整体工艺流程来看,出炉管坯经穿孔、三辊斜轧后最多经过高压水除鳞、控制冷却、表面喷淋这三次水冷。经过除鳞装置的荒管温度约在 1100℃以上,且除鳞装置短小,对钢管温度、组织影响不明显;喷淋装置设在矫直前第四个冷床上,管温较低,喷淋多起降温作用;控制冷却装置设在定径机后,冷前钢管温度多在 900~1100℃内,此时以一定的冷却速度降温,钢管内部组织将发生较复杂的变化,针对不同钢种的钢管,进行合理的控制冷却,获得需要的金相组织,可以有效地提高产品的性能。由板带、棒线材产品的生产实践经验可以看出这是钢铁新产品开发的一个重要途径。

2.1 控制冷却原理及常用冷却方式

为了获得理想的组织和力学性能,开发新产品,提高企业的经济效益,

天津钢管集团根据 $\phi219mm$ 阿塞尔轧管机组的实际情况，在生产线的定径机后设置了加速冷却装置对无缝钢管在轧后实施控制冷却，通过控制钢管的冷却速度和终冷温度等工艺参数，提高产品的竞争力。

控轧控冷的目的在于通过各种强韧化机制，获得理想的钢材性能。控制冷却钢材的性能取决于钢材的成分、轧制后钢材的内部组织条件和冷却条件等因素，其中控制冷却条件（开冷温度、冷却速度、终冷温度等）对相变前的组织和相变后的相变产物、析出行为、组织状态都有影响。

因此针对钢材条件，采取不同的冷却手段，所得产品有不同的组织性能。根据控制冷却后钢材的组织转变产物的不同，可分为加速冷却和直接淬火两种工艺。当控制冷却后钢的组织为铁素体加珠光体，或以铁素体为基体并含有贝氏体和少量的马氏体时，这种控制冷却称为加速冷却，简称为 ACC。加速冷却工艺通常用于抗拉强度 600MPa 以下的钢材，它可以取代通常的常化热处理工艺。当冷却速度更快，控制冷却后的钢材组织为马氏体或贝氏体时，这种控制冷却称为直接淬火，简称为 DQ。如果直接淬火后，靠钢材自身热量进行回火，称为直接淬火自回火工艺，简称为 QST。如果直接淬火后，再将钢材加热回火，则称为直接淬火回火工艺，简称为 DQ+T。直接淬火工艺主要用于抗拉强度在 700MPa 以上的钢材。

不同的冷却工艺需要有不同的冷却能力，各种冷却能力可通过不同的途径来完成。采用不同的冷却方式在同样的水流密度下可以有不同的热导率和冷却能力，如一般喷雾冷却热导率在 $4.18 \times 50 \sim 4.18 \times 1000J/(m^2 \cdot h \cdot ℃)$，喷射冷却时热导率为 $4.18 \times 100 \sim 4.18 \times 10000J/(m^2 \cdot h \cdot ℃)$，冷却方式对冷却能力影响参见图 2-2。

因此，为了满足所控制冷却工艺的要求，需要根据工艺中所涉及的冷却对象和冷却速度等，选择不同的冷却方式。控制冷却技术在钢铁领域应用以来出现了喷水冷却、喷射冷却、雾化冷却、层流冷却、水幕冷却、直接淬火、水气喷雾法快速冷却、板湍流冷却、喷淋冷却等多种冷却方式。各种冷却方式均有其本身特有的优点，被应用于不同的冷却工艺中。以下对常见冷却方式作一介绍[26]。

（1）喷水冷却：又称喷流冷却，水从压力喷嘴中以一定的压力喷出水流，而水流为连续的，没有间断现象，但是呈紊流状态。这种冷却方法穿透性好，

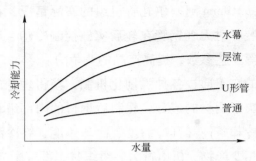

图 2-2 不同冷却方式与冷却能力关系图

在水膜较厚的情况下采用。多应用于中厚板轧后冷却、钢板淬火冷却，在型钢局部冷却中也有应用。但此冷却方法冷却水溅射较严重，冷却水利用率较差。

（2）喷射冷却：此种冷却方式是将冷却水加压后由喷嘴喷出时，使流速超过连续喷流的速度，这时的冷却水会形成液滴群，冲击被冷却的钢材表面。该冷却方法适用于多种冷却和喷嘴，但对于同一喷嘴，其所能实现的冷却能力范围较窄，且要较其他方法施加更大的压力。

（3）气雾冷却：用加压的空气将水雾化，冷却水在高压高速气流的作用下从喷嘴喷出形成雾状来冷却钢板。

该冷却方式需采用风、水混合介质，雾化情况可有两种：

1）为提高冷却能力用空气加速水滴；

2）为了控制冷却能力用空气使水滴微细化，而不给予太大的动能。

此冷却方式冷却均匀，冷却速度调节范围大，可实现风冷、弱水冷却（雾冷）和强水冷却，但需要供风和供水两套系统，设备的线路复杂，噪声较大，雾汽较大，设备容易受腐蚀。适用于需要从弱水冷却到强水冷却极宽的冷却范围的冷却。

（4）喷淋冷却：水为破断式，形成液滴冷却水如细雨般喷淋于被冷却的钢材，比高压冷却喷嘴冷却均匀，喷淋能力较强需要较高的压力，调节冷却能力范围小，对水质的要求较高。

（5）湍流冷却：轧制后的钢板直接进入水中进行淬火或快速冷却，冷却速度很大，但冷却速度的调节范围小，用水量较大。

（6）层流冷却：冷却水以一定的压力从喷嘴喷出形成喷流，当喷射的出口速度比较低时，形成平滑的喷射喷流，这种平滑的层状喷流加速下落在较长距离内保持水的层流状态，可获得很强的冷却能力，较普遍地用于钢板生产，有管层流和板层流两种方式。但此冷却方式对水质的要求较高，喷嘴容易堵塞，设备庞杂，维护量较大。

（7）水幕冷却：水流保持层流状态，冷却速度快，冷却区距离短，对水质的要求不高，易维护，常应用于板带钢输出辊道上的冷却，也有用在连轧机机架间的冷却，有的正在研究应用在棒材及连铸坯的冷却上。

（8）直接淬火：冷却速度快，冷却能力范围大，添加少量合金元素就可以达到同样的强度，降低碳当量，改善可焊性能，确保钢板低温韧性。但适用钢种有限，冷却不均，适用于高抗拉强度（高于 600MPa），含有贝氏体加马氏体显微组织钢板。

（9）管内流水冷却：这是热钢材通过在管内及平行板间流动的冷却水，进行冷却的方法。由于水冷器形式不同，水流状态不同，冷却能力和效果也有很大差别，冷却器形式有双层套管式、环缝式等冷却器。此种冷却方式不适于作为弱冷却法，而应作为高效冷却设备加以采用，可得到高度均匀的冷却效果，并在线棒材冷却中广为采用。

根据产品自身的特点及其对冷却工艺等的需要，本章所述系统进行的冷却主要采用气雾冷却方式。为此，系统配备了供风和供水两套系统，并针对在可变角度辊道上实施加速冷却的需要，配备了变角度辊道系统。

2.2 冷却设备及其现场布置

根据工艺要求，冷却系统配置的主要设备有 1 号可变角度且可升降辊道，2 号、3 号可变角度辊道，液压站，3 个液压缸，冷却器，2 台风机，3 台水泵及相应风机、水泵软启动器，多个风、水管路阀门，流量调节阀门等。

轧管线上加速冷却系统设备布置如图 2-3 所示。

2.2.1 冷却器结构简介

根据无缝钢管生产线及产品结构特点，在定径机与冷床之间开发安装的加速冷却装置为一套"组合式冷却装置"，整个冷却装置由 16 个冷却喷头组成，共分成四组冷却单元，各组喷头沿轧线方向依次排放，其冷却器喷头布置如图 2-4 所示。

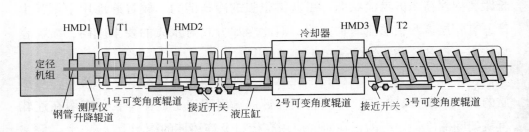

图 2-3　天津钢管 Assel 轧管线上加速冷却系统设备布置示意图

HMD1～HMD3—1 号～3 号金属检测仪；T1—冷前测温仪；T2—冷后测温仪

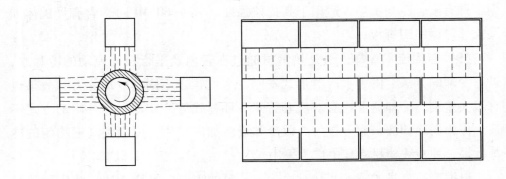

图 2-4　组合式冷却器喷头布置图

　　每组由四个喷头围绕轧制线间隔 90°周向布置，每个喷头长 1106mm，宽 116mm，高 320mm，共有喷嘴 210 个，其组合式冷却器喷头形式及喷嘴布置如图 2-5 所示。

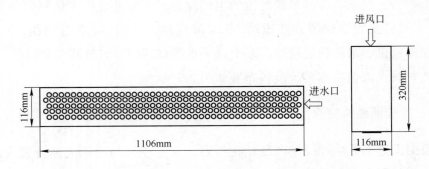

图 2-5　组合式冷却器喷头示意图

　　该组合式冷却器内部独特的流体设计，可以对钢管实施风冷和气雾冷却，气源、水源分别由风机和水泵提供，并且水流量可通过流量调节阀门和冷却器入口分水管路上的喷水阀门调节。检修时，可以将四组冷却单元拆卸，单独维修，局部更换，简单方便，易于操作。

2.2.2 冷却辊道及其布置

钢管通过定径机出口处热测厚装置后，将进入控制冷却区辊道。为了配合组合式冷却装置对无缝钢管的外壁实施均匀的冷却，钢管完全离开定径机，且将进入冷却区前，输送辊道应倾转一定角度，使钢管螺旋前进，进冷却器冷却，待钢管完全脱离冷却器后，冷却器前部控冷辊道应可复位迎接下一根管出定径机，此时冷却器后部控冷辊道可始终倾斜，直至冷却系统停止使用后再复位。另外，根据钢管产品小批量、多规格的生产特点，钢管在出定径机前，定径机出口控冷辊道应可以升降一定高度，以满足定径机出管需要。

为了满足无缝钢管生产工艺的要求，控制冷却区域辊道设计为可变角度形式，辊道整体分为三组，其中定径机出口 1 号控冷辊道为配合不同规格的无缝钢管在定径机出口水平高度可能变化的特点，除可实现输送辊变角度运转外，还可以实现辊道的升降动作。组合式冷却装置安装在冷床入口处至定径机方向的 6970mm 区域段内。控冷辊道布置如图 2-6 所示。

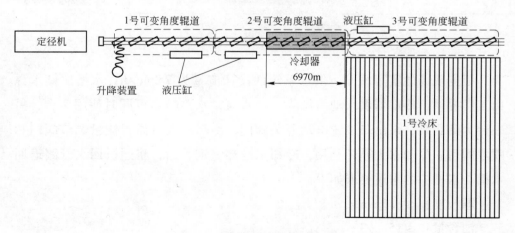

图 2-6 控冷辊道设备布置示意图

为实现辊道的变角度动作，每组辊道均由一连杆机构连接，并由一液压传动装置控制动作，辊道设定倾转角度范围为 0°～45°。辊道升降动作由蜗杆机构完成，升降范围可根据产品规格确定。

2.2.3 供风供水设备配置

供风供水系统的布置情况如图 2-7 所示。供风、供水设备主要包括：水槽、水泵、风机、流量调节阀、电动开关阀等设备。

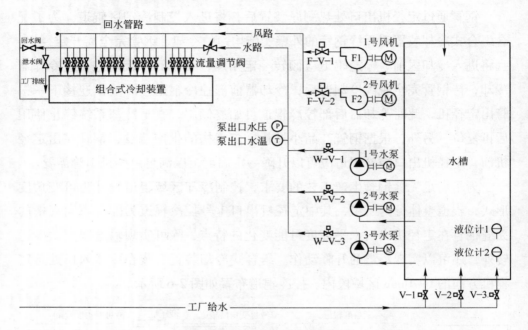

图 2-7 供风/供水系统配置图

根据现场的实际情况，供水系统的设计流量为 750m³/h，水槽所储水源由工厂提供，冷却器供水动力源为三台水泵，水泵最多可同时使用 2 台，另一台为备用泵，泵出口设置电动开关阀门，冷却器入口设置流量调节阀门和喷水阀门。冷却水为循环利用，冷却水冷却完钢管后，将通过回水管路返回水槽。水槽中的水质要求如下：

颗粒度：≤0.5mm；

油含量：≤15mg/L；

悬浮物：≤60mg/L；

pH 值：7~8.5；

水温：≤40℃。

供风系统，由两台风机（一用一备）及其出口电动开关阀门组成。根据供风与供水能力的需要，该系统采用的风机水泵电机为大型异步电机，为了在启停设备的过程中，保护设备及工厂电网的安全，风机水泵电机的启停动作，均通过西门子 3RW40 系列软启动器来控制完成。

2.3 加速冷却系统应用效果

2.3.1 现场应用状况

无缝钢管加速冷却系统在天津钢管集团应用以来，系统运行稳定，冷却效果明显，达到预期目标。如图 2-8 所示为钢管进出冷却器过程中的现场情景。

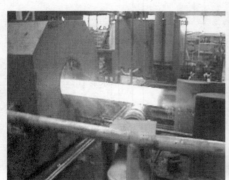

图 2-8 无缝钢管加速冷却现场生产效果图

可以看到，钢管在进入冷却区前，钢管的尾部存在一定的低温区，另外，由于仅对钢管外表面实施冷却，内外表面存在一定的温差，但钢管周向和钢管长度方向上冷却均匀性较好，并且无弯管现象。在随后的冷床空冷的过程中，钢管表面会出现一定的回温现象，直至钢管整体温度均匀为止。

2.3.2 冷却试验分析

2.3.2.1 系统冷却能力检验

在设备考核期间对 $\phi140mm\times13mm$、$\phi168mm\times16mm$、$\phi203mm\times18mm$ 等

多个规格、多个品种的产品进行了快速冷却生产性试验。采用气雾冷却方式，通过将总水管路上的电动调节阀的开口度分别调节至 40%、50%、80% 和 100% 四种状态，钢管进入冷却区时的辊道速度调至 1.2m/s，检测系统冷却能力。试验过程中人机界面上钢管冷却前后的温度变化趋势曲线实例如图 2-9 所示，图中曲线为四根钢管冷却前后的温度变化曲线图。根据这些采集到的温度数据及现场生产的实际情况可以计算出实验过程中，管材在气雾冷却方式下的最大冷却速度约可达到 55℃/s，完全满足加速冷却工艺的需要。

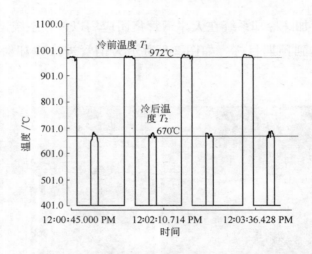

图 2-9　界面冷却前后钢管温度变化趋势图

2.3.2.2　冷却后产品性能检验

通过对加速冷却试验后的不同规格、不同钢种的产品的性能进行检测，并将水冷后的产品性能与以往空冷状态下产品性能相对比，得出了如表 2-1 所示的对比数据。

从表 2-1 中数据可看出，水冷后的产品的晶粒度等级和钢管的综合性能均有所提高，以 $\phi140mm\times13mm$ 规格产品为例，经水冷后的产品的屈服强度、抗拉强度和伸长率分别提高了 12.7%、5.41% 和 9.52%，而 $\phi168mm\times16mm$ 规格产品的屈服强度、抗拉强度和伸长率分别提高了 8.74%、4.67% 和 3.04%。与空冷情况相比，根据钢种、尺寸规格等的不同，水冷后钢管性能提升的幅度不同。

表 2-1 空冷与水冷条件下钢管性能对比

产品规格/mm×mm	冷却方式	钢种	屈服强度/MPa	抗拉强度/MPa	伸长率/%	晶粒度/μm
φ140×13	空冷	20	288.3	491.7	25.2	7.5
	水冷	20	325	518.3	27.6	7.5/8.0
φ168×16	空冷	20	248.3	486.6	29.6	7.0
	水冷	20	270	509.3	30.5	8.5/7.5
φ203×18	空冷	Q345B	270	488.3	28.6	7.0
	水冷	Q345B	348	583.3	29.6	8.5/7.5

2.4 钢管螺旋形冷却不均问题的分析

在控制冷却工艺中，轧制钢材的均匀冷却，是钢材获得良好组织性能的前提和保障，如何使产品获得均匀的冷却效果已成为控制冷却技术应用的核心问题之一。

由于无缝钢管的自身结构特点，前进过程中对钢管内外表面同时进行加速冷却较为困难，因此在本冷却系统中主要以实现钢管表面均匀冷却为目标。在钢管的冷却过程中，钢管完全离开定径机后，输送辊道将自动倾斜一定角度旋转，钢管在轧线上开始螺旋前进，进入冷却区完成加速冷却，由此通过对钢管外表面进行均匀冷却，使钢管获得良好的冷却效果，从整体上达到提高钢管综合性能的目的。但在工艺开发的过程中常会出现如图 2-10 所示的螺旋形温度不均现象。

图 2-10 无缝钢管冷却后的螺旋形温度轨迹线图

通常利用轴向通过式冷却方法快速冷却无缝钢管时，弯管是一个影响安全和生产的较严重问题，为了提高安全性，避免弯管现象产生，本课题所研究的无缝钢管加速冷却工艺采用了可变角度辊道对无缝钢管实施加速冷却。无缝钢管在变角度辊道上运行时，管体螺旋前进，保证了管体进入冷却区后，钢管整体基本无弯曲变形现象出现，但冷却后的钢管管体常出现的螺旋形的温度不均匀现象影响了冷却效果的发挥。在对多批次、不同规格的产品进行生产试验的结果表明，螺旋形的温度不均匀迹线，对于不同规格的钢管，随着管径的增大，不同温度迹线间的温差也越大。

由于螺旋形的温度不均现象是在冷却水对螺旋运动的钢管作用后形成的，因此这种温度不均现象的产生可能是钢管的螺旋运动状态的因素造成的，也可能是冷却器的设计造成的。

针对图 2-4、图 2-5 所示的冷却器结构，可将不同规格钢管经过冷却器时的冷却流体在钢管周向分布情况分为两种。一种是如图 2-11a 所示管径相对较小，管体完全位于冷却水中，假设此时的冷却器冷却流体对管体周向的冷却能力呈均匀分布状态；另一种如图 2-11b 所示管径相对较大，管体部分位于冷却水中，假设此时流体对管体周向的冷却能力呈不均匀分布状态。

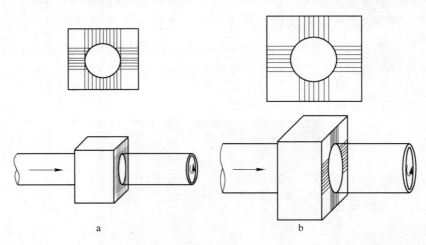

图 2-11　冷却器对管体冷却的冷却能力不同分布状况

当管径增大到一定尺寸时，管体周向的冷却流体分布将出现如图 2-11b 所示状况，此时管体部分区域不能和冷却流体直接接触，钢管周向冷却能力出现不均匀分布状况。

进一步的分析得出造成管体上螺旋形温度不均现象的原因是由于钢管周向上冷却能力的不均匀分布造成的，呈螺旋状是由于钢管旋转前进、周向连续降温不均匀造成的。这一影响可通过改善冷却器、输送辊道等机械设备的设计及布置等措施，来获得钢管冷却的均匀性。

2.5 宝鸡钢管柔性热处理设备与连续热处理装置的研制

通过现场实践表明，东北大学 RAL 实验室与天津钢管集团公司合作开发的可变角度辊道在实现无缝钢管的在线加速冷却工艺方面是完全可行的，并可以获得表面冷却均匀、性能良好的无缝钢管产品。但由于冷却器的机械设计问题，会使冷却器在钢管周向冷却能力呈不均匀分布，当管径增大到一定尺寸时，将造成冷却过程中螺旋形温度分布不均现象，此种现象可以通过改进冷却器机械结构设计来加以消除。

为进一步在钢管生产领域推广应用控制冷却工艺（加速冷却系统或超快速冷却系统），应对钢材不同热处理工艺的需求及技术发展趋势，东北大学 RAL 实验室与宝鸡石油钢管有限责任公司国家石油天然气管材技术研究中心开展了新一代 TMCP 技术在钢管热处理设备与工艺上的合作研究，在改进冷却器设计的基础上，研制开发出管材柔性热处理设备和管材连续热处理装置。

为解决现场钢管控制冷却时冷速小、冷却不均匀问题，东北大学 RAL 实验室攻坚克难，自主研制出环形斜缝喷嘴，其特殊的结构设计，能够使冷却水形成水压较大的环形水孔，直径大于水孔直径的钢管通过时，钢管周向均匀接触到冷却水，达到实现快速均匀冷却效果，目前该项技术获发明专利（专利号 201210345413.4），并成功应用于宝鸡钢管柔性热处理设备和管材连续热处理装置（超快速冷却系统）上。

管材柔性热处理设备可以实现在保护性气氛条件下对要求规格范围内的管材及板材进行不同加热和冷却速率的各种高精度热处理工艺的模拟，该设备专门按照较大尺寸试样对各个功能系统进行设计，热处理试验时可以选用尺寸范围更宽的较大试样进行加热和冷却试验，弥补了传统热模拟实验试样小的不足，同时，它将超快冷技术融合进管材的热处理过程，可以采用直接扩散、喷气、喷水和喷气雾等多种冷却方式，为开发原材料及管材热处理工艺技术提供新的指导。

　　管材连续热处理装置主要用于对不同材质不同规格（ϕ60.3~219mm×4.0~13.72mm×3~5m）的管材进行在线加热、控制冷却等热处理工艺和机理的研究，该装置囊括了加热后管材的空冷、超快冷（UFC）直至淬火（DQ）、调质热处理、快速加热回火及回火后空冷或快冷等试验功能，并在节约投资的前提下，实现不同试验功能的有机组合，进行多种形变后热处理工艺的研究和探索，以满足不同性能钢材新品种、新工艺的开发需求，指导生产实践，并可以针对生产线的实际情况，开展探索性工艺试验，为完善生产线轧后热处理工艺积累经验及奠定基础。

　　下一章将对该设备进行详细介绍。

3 宝鸡钢管管材柔性热处理设备研制

管材柔性热处理设备是由宝鸡石油钢管有限责任公司委托东北大学轧制自动化国家重点实验室（RAL）研制开发的热处理试验设备。该设备可以实现在保护气氛下对要求规格范围内的管材及板材进行不同加热与冷却温度、不同加热与冷却速率及不同保温时间下的高精度热处理工艺（正火、淬火、调质、控冷等）的模拟，并采用数字化操控系统自动控制整个热处理过程，对试验数据进行实时采集、存储和管理，从而实现研究人员对不同材质的管材及板材进行热处理工艺和机理的研究，达到为开发新材料、改善热处理工艺提供指导的目的。

柔性热处理试验是一种物理模拟试验，利用较大实物尺寸的管材或板材作为试样，借助柔性热处理设备，模拟管材或板材在生产线上的一系列热处理工艺过程。通过热处理试验可以充分揭示管材或板材经热处理后的组织和性能变化规律，评定或预测管材或板材热处理过程中出现的问题，为制定合理的工艺以及开发新产品提供基础数据和技术方案[27,28]。

3.1 设备主要技术参数

3.1.1 试样尺寸

（1）管试样：直径 $\phi50.8mm$、$\phi73mm$、$\phi139.7mm$、$\phi193.7mm$，壁厚 $1.9\sim13.72mm$，长度 $400\sim600mm$；

（2）板试样：长度 $400\sim600mm$，宽度 $100\sim200mm$，壁厚 $1.9\sim13.72mm$。

3.1.2 加热和冷却系统

（1）加热方式：直接电阻加热；

（2）加热功率：800kW；

（3）每次加热数量：1块/根；

（4）加热温度范围：室温~1250℃（最大加热温度视试样规格而定）；

（5）温度反馈：K 型热偶测温线，Ni-Cr/Ni-Al 热电偶，测温范围 0~1250℃，精度 SLE 一级（1.1℃~0.4%），温度的采集频率 1kHz，即每 1ms 采集一个温度点；

（6）加热速度：在 1~50℃/s 范围内可调节，具体加热速度根据试样规格有所不同，详见表 3-1；

表 3-1 普碳钢不同规格试样在室温至最高加热温度间最大加热速度（设备能力 80%）

试样类型	板 样				管 样（长 600mm）				
规格/mm×mm	550×200				ϕ50.8	ϕ73	ϕ139.7	ϕ193.7	ϕ193.7
厚度 δ/mm	1.9	7.34	9.17	13.72	1.9	5.51	7.72	7.34	13.72
室温~最高加热温度间最大加热速度/℃·s^{-1}	150	17	10	5	100	26	5	3	1

（7）加热系统精度：稳态时（保温时）温度控制精度±4℃（热电偶自身温度误差除外）；

（8）冷却方式：空冷（直接扩散冷却）、气冷、气雾冷、水冷；

（9）冷却速度：冷却速度按冷却模式分为控制冷却速度与强制冷却速度两种。

1）控制冷却采用直接扩散冷却和喷气冷却两种方式进行冷却，可实现闭环控制，控制精度为冷却速度的±5%。当试验冷却速度低于试样空冷速度，可进行任意控制；当试验冷速大于试样空冷速度，在 1250~600℃ 温度区间，冷却速度可达到 5~36℃/s，部分试样最大冷却速度见表 3-2。

表 3-2 普碳钢不同规格板试样在 1000~600℃和 800~500℃区间最大控制冷却速度

试样类型	板试样 550mm×200mm（长×宽）			
厚度 δ/mm	1.9	7.34	9.17	13.72
1000~600℃ 区间的最大控制冷却速度/℃·s^{-1}	36	10	8	5
800~500℃ 区间的最大控制冷却速度/℃·s^{-1}	35	9	7	5

2）强制冷却采用喷水和喷雾两种方式进行冷却，无法进行闭环控制，冷却过程不可控，但设备可预测相关试验参数作为参考。

对 $\phi73mm\times5.51mm\times600mm$ 管试样最大喷水冷却速度可达 900℃/s，$\phi139.7mm\times7.72mm\times600mm$ 管试样最大冷却速度达 179℃/s；部分板试样最大冷却速度见表 3-3。

表 3-3　普碳钢不同规格板试样最大喷水喷雾冷却速度

试样类型	板试样 550mm×200mm （长×宽）			
厚度 δ/mm	1.9	7.34	9.17	13.72
最大喷水冷却速度/℃·s^{-1}	850	700	145	106
最大喷雾冷却速度/℃·s^{-1}	630	410	75	45

3.1.3　液压系统

（1）额定工作压力：21MPa；

（2）系统流量：27L/min；

（3）电机功率：11kW；

（4）控制功率：0.1kW；

（5）油箱容积：190L。

3.1.4　真空系统

（1）炉内真空度：10~100 Pa；

（2）抽气速度：15L/s 或 54m³/h。

3.1.5　气动系统

（1）冷却空气最大压力：0.8MPa；

（2）气雾配比：水压力 0.2~0.3MPa；气压力 0.4~0.6MPa。

3.1.6　水冷系统

外喷水冷却系统：

（1）冷却水：经过滤的自来水或工业用水；

（2）工作水压力：有 0.1MPa，0.2MPa，0.3MPa，0.5MPa，0.6MPa 五个压力档位可选，一般设为 0.5MPa；

（3）工作水流量：有 30%，50%，70%，100%四个流量档位可选，一般设为 100%；

（4）冷却水温度：≤40℃；

（5）水泵：流量 180m³/h，扬程 75m；

（6）口径：DN125。

冷却小车：

（1）喷水数量：6 排斜缝喷嘴，每排 24 个导水柱；

（2）冷却小车内径：400mm；

（3）冷却小车最大移动速度：0.5m/s；

（4）冷却小车摆动周期：1s。

内喷冷却系统：

（1）冷却水：经过滤的自来水或工业用水；

（2）工作压力：0.6MPa；

（3）冷却水温度：≤40℃；

（4）水泵：流量 60m³/h，扬程 60m；

（5）口径：DN 50。

3.2　柔性热处理设备机械结构设计

3.2.1　设计理念

热处理工艺主要包括试样的加热、保温、冷却三个阶段，如图 3-1 所示。钢材在加热和冷却时随着加热速度、加热温度、冷却速度、冷却温度和冷却介质等热处理参数的改变最终会得到不同的组织结构，从而影响钢的性能，一些有利的组织结构会提升产品的质量，其热处理参数将会对产品的开发与改进有着指导意义。在实际生产现场进行热处理试验来改进产品性能既会耽误生产进度，也会因对大尺寸的产品进行试验而造成产品浪费，而模拟实际生产机组的设备形式和生产过程的运行方式的设计思想使得模拟设备结构复杂化、操作繁琐、投资较大。因此，既要模拟现场热处理工艺环境，又要使多个热处理工艺设备的功能整合为一体成为管材柔性热处理设备的设计思想。

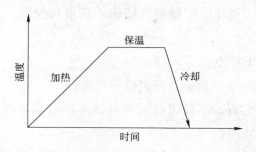

图 3-1　热处理温度-时间曲线

　　本设备采用单工位的结构来模拟热处理的设计思想，抛弃了依靠试样在不同工艺炉段之间的穿行来实现加热、保温、冷却等工艺过程的方法，直接在一个炉体中实现试样的加热、保温、冷却等工艺过程。该设计思想使得设备结构简单，同时也使设备具有良好的密封性来改善热处理工艺环境也有利于保证操作人员的安全。虽然在整体机械结构上和实际生产机组有较大区别，但是单工位的热处理设备的功能更全面，可控工艺参数更多且控制范围更广、精度较高，在较大程度上充分模拟了热处理的生产工艺过程。

　　管材柔性热处理设备是一台集电、气、液等多学科综合集成的产品，是材料与机械、计算机、液压、仪器仪表、自动化等行业相结合发展的成果。该设备主要由机械系统、加热系统、冷却系统、液压系统、真空与保护气系统及控制与测量系统等部分组成，运用模块化、集成化的设计理念，每一部分都拥有独特的功能和特点，通过各功能部分的相辅相成来实现对管材与板材柔性化热处理的过程。这种模块化的设计也使得设备的装卸和维修变得十分简便。

　　机械系统为其他系统的使用提供载体，起固定和支撑设备的作用，并同时保证部件的各种运动，使试验功能得以实现；加热与冷却系统是设备的主体功能系统，加热系统对试样进行快速、精确的加热；冷却系统可以实现控制冷却和强制冷却功能，并根据不同的热处理工艺提供各种冷却模式；真空系统可为试验提供一个高真空度的环境；保护气系统实现抽真空后充入保护性气体，保证试验中炉体中的气体呈微正压状态，防止试样氧化；测量与控制系统是热处理设备的"眼睛和大脑"，通过采集卡、传感器及计算机控制系统，对设备的模拟量和数字量进行精确的测量和控制，并对测量结果加以数据处理。

该设备具有如下特点：

（1）设备结构简单，试验过程灵活、可控；

（2）试样类型多样，不仅可以对板材试样进行热处理，还能实现对较大的钢管试样进行热处理；

（3）为了满足新产品和新工艺开发的需要，设备具有比实际生产机组更宽的加热和冷却速率；

（4）热处理过程可以在真空或保护性气氛下进行；

（5）冷却功能全面，冷却方式多样化，有直接扩散冷却、喷气冷却、喷水冷却和喷气雾冷却；

（6）冷却装置采用摆动设计，在冷却过程中可实现对试样进行摆动喷淋冷却；

（7）系统模块化、集成化程度高，便于拆卸、安装和维修；

（8）系统自动化程度高，各工艺参数精确可控，具有完备的数据采集、记录和处理系统；

（9）人机界面丰富友好，监视功能齐全，并配有数据库系统，可以实现对以往试验的查询、报表等一系列数据库管理功能；

（10）具有一整套完善可靠的安全保护策略，试验中有异常情况可以随时中止设备运行。

3.2.2 平面布置

管材柔性热处理设备的各个部分根据其主次功能的不同分置在两个房间中（见图3-2）。主试验室面积约 $50m^2$，炉体、操作台、电器柜等主体设备放置在主试验室中，水箱、储气罐和冷却水泵等辅助设备放置在隔壁的副试验室。两个试验室通有地沟连接，地沟中铺设有水、气管道，便于水箱和储气罐分别向主试验室输送冷却用水和空气。

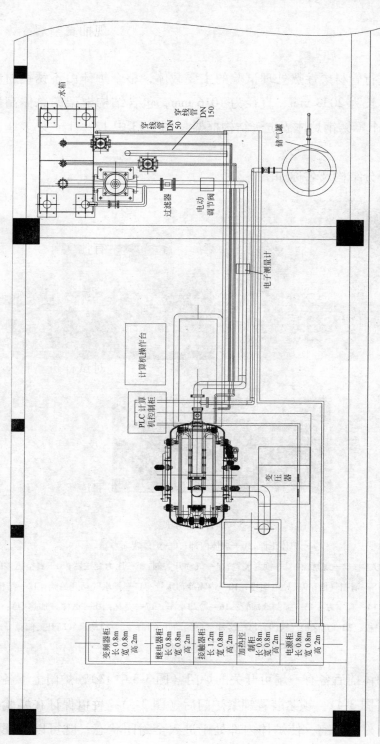

图 3-2 试验室平面布置图

3.2.3 炉体

炉体是进行管材柔性热处理试验的主要载体，整个炉体由不锈钢材料制作而成，炉体长为 2030 mm、直径为 1016 mm，包含结构框架的总体高度为 1600 mm，整个不锈钢炉体固定于结构框架（图 3-3 中 12）上，外表坚固且美观。

炉体各部分结构及名称如图 3-3 所示。

图 3-3 炉体实物图

a—炉体正面；b—炉体内部；c—炉体背面

1—内喷气动开关阀；2—观察窗；3—锁紧装置；4—气动开关阀；5—压力变送器；6—真空压差阀；
7—循环冷却水管；8—清扫气枪；9—导电铜排；10—内喷冷却水管；11—排水气动开关阀；12—结构框架；
13—炉门；14—真空表；15—强制冷却管；16—冷却小车；17—夹具；18—试样（加热中）；
19—隔热板；20—充保护气阀门；21—冷却空气气动开关阀；22—冷却水气动开关阀；
23—冷却空气管道；24—冷却水管道

不锈钢炉体前后各有一扇可开关的炉门（图 3-3 中 13），炉门上下各有两个锁紧装置（图 3-4），锁紧装置锁紧炉门后（图 3-5），可以保证在实验过程中炉体内部与外界隔离，使炉体内部处于进入全封闭状态，既可以保证实验过程中炉内真空或保护气环境，又可以避免高速冷却水或冷却气雾飞溅出炉体外，保护试验员。

图 3-4 未锁紧状态锁紧装置　　　　　　图 3-5 已锁紧状态锁紧装置

　　由于在加热过程中高温试样不断通过热传导向四周传热，试样周围的炉体温度会迅速升高，为了防止不锈钢材质的炉门和炉体外壁在加热过程中温度过高，造成人员伤害，在炉门内侧设置有隔热板（图 3-3 中 19），阻挡热量向炉门扩散。并在炉体内壁设置循环冷却水管（图 3-3 中 7），采用通循环冷却水的冷却方式，保证炉门及炉体外表面温度不超过 50℃，避免因炉体外表面温度过高而伤害试验人员。

　　炉体左侧接入主冷却管道，主冷却管道通过一个三通管道与冷却空气管道（图 3-3 中 23）和冷却水管道（图 3-3 中 24）接通。与主冷却管道相接通的水、气管道分别由冷却水气动开关阀（图 3-3 中 22）和冷却空气气动开关阀（图 3-3 中 21）控制。试验时根据需要的冷却模式可以实现手动或自动对试样进行喷水、喷气、喷气雾三种之一的冷却方式。

　　炉体右侧接入内喷冷却水管道（图 3-3 中 10），在主冷却系统对钢管外壁进行喷水冷却的同时可以通过内喷水系统对管材试样内壁进行辅助喷水冷却。内喷水系统由一个气动开关阀（图 3-3 中 1）控制内喷冷却水的进入，内喷水管道上安装有压力变送器（图 3-3 中 5），在进行内喷水冷却时检测内喷冷却水的压力，并将检测到的水压力反馈到设备的控制系统中。

　　炉体右上侧设有两个观察窗（图 3-3 中 2），方便试验人员随时观察炉内热处理试验的情况，观察窗上嵌有高防爆玻璃，以防出现意外情况伤及人员。

炉体上部安装有一个换气系统，换气系统由气动开关阀（图3-3中4）和压力变送器（图3-3中5）组成。压力变送器的性能同前。气动开关阀的作用是根据具体需要来调节炉体内的气压。当炉门被锁紧装置锁紧时，由于热处理试验会涉及喷气冷却或喷气雾冷却，主冷却管道向炉内注入大量冷却空气，炉体内部气压升高，炉内呈高压状态，这会对炉内元器件造成不利影响，减少炉体使用寿命。这时需要开启炉体上部的气动开关阀，排出炉内高压气体，平衡炉内气压维持在一个正常状态。当在真空状态下的热处理试验结束后，可以开启炉体上部的气动开关阀，使得炉体可以向外界吸入空气，将炉体内气压恢复到正常状态，便于炉门的打开。

炉体下部接有用于排水的气动开关阀（图3-3中11），在喷水冷却和喷气雾冷却结束后，开启排水气动开关阀，将废水排出炉体内，从炉体排出的废水先储存在废水池中，待全部试验完毕后，将废水池中的废水全部输送到污水处理站。

炉体左上侧分别安装有真空压差阀（图3-3中6）和充保护气阀门（图3-3中20），具体功能参数见真空系统和保护气系统。

3.2.4 夹具系统

夹具系统是热处理试验时对试样（图3-6、图3-7）进行夹持的工具系统。不锈钢炉体内安装有夹具系统（图3-8），用于夹持试样，夹具系统由固定夹具座（图3-9）和可拆卸夹具（图3-10）组成。

图3-6　管材试样　　　　　　　　　　图3-7　板材试样

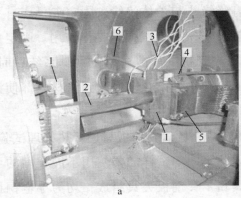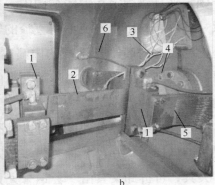

图 3-8　夹具系统

a—夹持管材；b—夹持板材

1—可拆卸夹具；2—试样；3—热电偶；4—固定夹具座；5—导电铜箔软连接；6—循环冷却水管

图 3-9　固定夹具座

a—管材固定夹具座与内喷嘴；b—板材固定夹具座

图 3-10　可拆卸夹具

固定夹具座固定在炉体结构中，有绝缘垫与炉体绝缘。固定夹具座有不同尺寸的环缝，用于安装不同直径的管试样，对管试样起支撑作用。固定夹具座内部通入内喷冷却系统的内喷嘴，当管材试样被夹持在夹具系统中时，管材与固定夹具座连通，内喷嘴喷出的冷却水可以直接射入到管材内部使钢管内部得到快速冷却。

由于管材柔性热处理设备可以对不同规格的管材与板材进行热处理试验，所要求的试样形状和尺寸种类繁多，因此不同的试样需要使用不同类型的可拆卸夹具，可拆卸夹具由 4 套钢管夹具和 1 套钢板夹具组成，均为导电铜材料，利用这些可拆卸夹具将不同规格钢管或钢板固定安装在规定夹具座上。可拆卸夹具通过导电铜箔软连接与炉体外的导电铜排相连，参与构成加热导电回路。由于在试验过程中可拆卸夹具直接与高温试样相接触，为了防止夹具过热变形，在可拆卸夹具内部设置有循环水管（图 3-8 中 6），加热时可拆卸夹具通有循环水进行冷却。

3.2.5 液压系统

液压系统通过液压油介质来传递能量和动力，实现对机械设备各种动作的控制，柔性热处理设备依靠冷却小车来实现摆动喷水冷却试样的功能，而液压系统则为冷却小车往复动作提供了动力源。液压系统由其动力元件（液压泵）产生高压液体，经过控制元件和管道将液体输送到工作油缸，再通过工作油缸将液体压力能转变为机械功，驱动和控制各种机械动作，完成预定工作。

靠近炉体左侧放置着管材柔性热处理设备的液压系统（图 3-11）。设备的液压系统由动力元件（齿轮泵）、执行元件（油缸）、控制元件（总阀台、单向阀、伺服阀）、辅助元件（蓄能器、过滤器、油箱、压力表、密封件等）和工作介质（液压油）等五部分组成。

液压系统靠近试验操作台，为了保护试验人员的人身安全，在液压系统周围搭建起一个长为 1500mm、宽为 700mm、高为 750mm 的不锈钢外罩。不锈钢外罩外表坚固，不仅保护液压系统不受外界影响，同时也避免人员靠近液压系统发生意外。

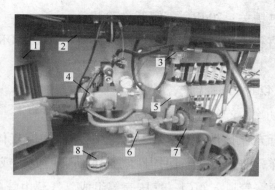

图 3-11　液压系统实物图

1—液压站电机；2—油缸；3—伺服阀；4—总阀台；5—蓄能器；

6—回油过滤器；7—压力管过滤器；8—空气滤清器

3.2.6　真空系统与保护气系统

　　真空系统和保护气系统主要是为试样加热时提供保护试样的功能。当试样被加热时，为了避免试样的氧化和减少试样表面的散热，需要对炉体用锁紧装置锁紧后抽真空，或者可以在炉体抽真空后再将炉体内充满惰性气体。这些功能都靠真空系统和保护气系统来实现。

　　真空系统主要维持炉体内部处在一个真空环境中，抽真空时炉体内真空度可以达到 $10\sim100\mathrm{Pa}$。如果需要在保护性气氛环境下进行试验，也需要先对炉体内抽真空操作，这样可以提高效率，节省保护性气体消耗。

　　真空系统由真空泵、管道、真空压差阀、真空计和密封件等组成。

　　真空泵采用双极直联结构旋片真空泵，其吸气原理是由偏心地安装在泵腔内的转子及转子槽内的两旋片，转子带动旋转时，旋片借离心力和弹簧弹力紧贴泵腔壁，把进气口分隔开来，并使进气腔容积周期性地扩大而吸气，排气腔容积则周期性地缩小而压缩气体，借压缩气体压力和油推开排气阀排气，从而获得真空。

　　真空泵具体参数：

　　（1）名义抽气速度：$15\mathrm{L/s}$ 或 $54\mathrm{m^3/h}$；几何抽气速度：$15\mathrm{L/s}$ 或 $54\mathrm{m^3/h}$；

　　（2）极限分压强：气镇关：$\leqslant2\times10^{-2}\,\mathrm{Pa}$；气镇开：$\leqslant8\times10^{-2}\,\mathrm{Pa}$；

　　（3）极限总压强：气镇关：$\leqslant5\times10^{-1}\,\mathrm{Pa}$；气镇开：$\leqslant6\times10^{-1}\,\mathrm{Pa}$；

（4）噪声：气镇关：70dB；气镇开：72dB；

（5）进气口直径：DN40ISOKF；排气口直径：DN25ISOKF；

（6）用油量：4.0/4.8L；

（7）转速：1420r/min；

（8）电动机功率：2.2kW。

抽真空后进行充保护性气体，保证试验中炉体中的气体呈微正压状态，保护加热中的试样，防止氧化。保护性气氛可以采用氮气或氩气，保护性气体充装系统由气源、管道、阀门、气压表等组成，气源由气瓶提供。

3.3 管材柔性热处理设备加热与冷却系统

加热与冷却系统是管材柔性热处理设备的主体功能系统，加热与冷却过程是热处理试验的核心。加热系统对试样进行快速、精确的加热，冷却系统可以实现控制冷却和强制冷却功能，并根据不同的热处理工艺提供各种冷却模式。

3.3.1 加热系统

3.3.1.1 加热系统的性能指标

加热系统的性能参数如下：

（1）加热方式：直接电阻加热；

（2）加热功率：800kW；

（3）加热温度范围：室温~1250℃；

（4）每次加热数量：1块/根；

（5）加热速度：在1~50℃/s范围内可调节，具体加热速度根据试样规格有所不同。

设计加热精度指标如下：

稳态时（保温时）温度控制精度±4℃（热电偶自身温度误差除外）。以试样长度中心线为中心，距离相同、呈轴对称的两点温度应基本相当，相差不超过±4℃要求。板试样宽度方向边部10mm内侧温度控制精度满足±4℃要求。

选用 600mm 长的试样时，以试样中心点为中心，稳态时（保温时）温度梯度，在 80mm 长的均温区内，温度梯度不超过 10℃（最高温度或最低温度与均温区平均温度差值），在 120mm 长的均温区内，温度梯度不超过 20℃（最高温度或最低温度与均温区平均温度差值），在 200mm 长的均温区内，温度梯度不超过 50℃（最高温度或最低温度与均温区平均温度差值）。

3.3.1.2 加热及控制原理

根据工艺要求，试样采用直接电阻加热的加热方式，可以减小集肤效应和试样加热均匀化，并能达到快速加热和精确控制温度的效果。加热系统由加热变压器（图 3-12）、可控硅、电压互感器、电流互感器、导电铜排、夹具系统等组成，它们共同构成一个导电回路，当加热变压器提供足够的功率时，导电回路中会产生大电流，由于金属试样本

图 3-12 加热变压器

身的电阻远大于回路中其他组件的电阻，电压降低主要集中在试样上，根据焦耳定律，试样通过大电流后就会迅速被加热升温。当输入的总热量与损失的总热量（即试样沿轴向通过夹具系统传导走的热量以及试样表面对流和辐射散热）相当时，试样处于热平衡状态，保持恒温；当输入的热量大于损失的热量时，试样温度上升；若输入的热量少于损失的热量时，试样温度下降[29]。

直接电阻加热时，将热电偶直接焊接在试样上，这样，当试样中流过上万安培的电流时，在试样的周围将产生强大的电磁干扰，严重影响了温度测量的准确性。本设备选择的 LabVIEW 软件提供了触发采集的功能，因此利用同步变压器监测变压器原侧电压的变化，通过限制可控硅的触发角，在变压器副侧的主回路断电瞬间进行温度采集、PID 计算，进而进行温度控制。加热系统示意图如图 3-13 所示。

可控硅可将 380V 交流电由 50Hz 转变为 100Hz，从而实现快速温度控制与数据采集。管材柔性热处理设备采取变压器原侧调节可控硅的方法，如果

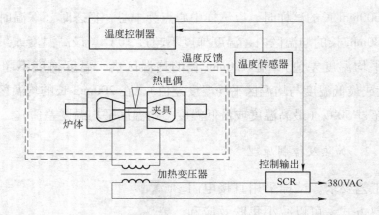

图 3-13 加热系统示意图

程序给定的温度大于反馈温度，可控硅的导通角将增大，加热变压器的输出电压增大，试样两端的电压降增大，试样被加热，温度升高；如果程序给定的温度小于反馈温度，可控硅的导通角减小，加热变压器的输出电压降低，试样两端的电压降低，试样被冷却，温度降低；当程序给定的温度等于反馈温度，说明加热变压器输出电压在试样上产生的热量，刚好与试样在炉体内散失的总热量平衡，试样温度保持不变。

在加热系统中，为了能够快速、准确地监控变压器原、副侧的电压和电流的变化，采用了同步变压器、跟踪型电压传感器和跟踪型电流传感器，精确地计算出温度采集的时刻，即在变压器副侧电流降低到一个确定值时，进行温度采集，进而完成 PID 运算，控制可控硅的触发角，实现对试样温度的精确控制。结构图如图 3-14 所示。

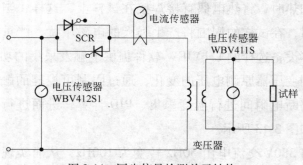

图 3-14 同步信号检测单元结构

3.3.1.3 加热系统的热电偶

热电偶在热处理试验过程中实现对试样温度的测量（图3-15）。无论是板试样还是管试样，最多都可以同时焊接5组热电偶，即试验时最多可以实现5个温度通道的采集。试验人员可选择这些温度作为控制系统的反馈温度。温度的采集频率最高可达1kHz，即每1ms采集一个温度点，温度的采集频率可根据具体的试验需要进行设定。

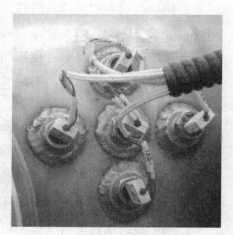

热电偶实际上是一种能量转换器，它将热能转换为电能，用所产生的热电势来测量温度。

本设备的热电偶的性能参数：

（1）类型：K型热偶测温线；

（2）精度：SLE 一级（1.1℃~0.4%）；

（3）测温范围：0~1250℃；

（4）单根裸丝线径：0.5mm；

（5）偶丝材质：+/−Ni-Cr/Ni-Al，绝缘层 XS-silic。

图3-15 热电偶

本设备使用的热电偶点焊机是一种储能式焊接机（图3-16），点焊机内置直流电池，充完电后便可以使用，焊机充电一次可焊接200点，专门用于现场热处理时，把热电偶偶丝直接焊接在工件上。焊接时热电偶与试样表面垂直，两根热电偶的焊点距离大约为1mm。

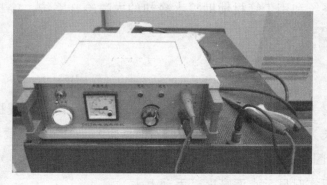

图3-16 热电偶点焊机

3.3.2 冷却系统

3.3.2.1 冷却系统总体性能

冷却过程是管材和板材柔性热处理试验的最重要过程。冷却过程中采用不同的冷却速率和不同的冷却模式，会获得不同组织性能的产品，这些试验产品对于产品性能的提高有重要意义。

在热处理过程中的冷却阶段，试样可以采用 4 种冷却方式，包括直接扩散冷却、喷气冷却、喷水冷却、喷气雾冷却，其中直接扩散冷却和喷气冷却的冷却速度较小，设备可以使用闭环控制试样的冷却速度，而喷水冷却和喷气雾冷却的冷却速度较大，不同规格试样的冷却速度可以在多次试验后根据数据库提供的查询数据预测出来。从试样冷却所需要的介质来说，直接扩散冷却不需要额外冷却介质，试样在直接扩散冷却时只需要随着炉内空气缓慢冷却下来，而其他三种冷却方式则分别需要气、水和气雾三种冷却介质，这三种冷却介质分别通过气路和水路管道进入主冷却管道，最后都由与主冷却管道相连通的冷却小车喷出使试样冷却。

控制冷却阶段控制精度可达到冷却速度的±5%，对试样进行控制冷却时，当试验设定的冷却速度低于试样空冷速度时，可以进行任意控制；当试验冷速大于试样空冷速度时，在 1250~600℃ 温度区间，冷却速度可达到 5~36℃/s。强制冷却时最大冷却速度可达 400℃/s。

冷却系统的结构除了包括上述三种冷却方式的主冷却系统，还包含设备循环水冷却系统和用于管材辅助喷水冷却的内喷冷却系统。冷却系统结构如图 3-17 所示。

3.3.2.2 水箱

水箱同时为循环水冷却系统、主冷却系统和内喷冷却系统提供水源。水箱体积设计长为 2m，宽为 1m，高为 1m，总容积为 2m³，装载 1.5m³，距离地面约 3m（图 3-18）。水箱采用不锈钢材质，整体坚固耐用。水箱里安装有液位计，可以实时显示水面高度，手动上水。

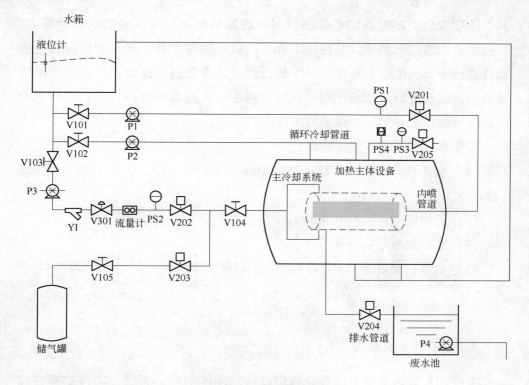

图 3-17 冷却系统示意图

3.3.2.3 循环冷却系统

　　循环冷却系统主要由手动截止阀、循环水泵和循环管路构成，循环水泵启动时将水箱中的冷却水源源不断抽送到循环水路中，循环冷却水流经炉体、夹具系统和可控硅这些温度易升高的设备后返回到水箱中去，构成一个循环回路。

　　循环冷却系统的作用是保证在加热过程中设备的正常运转和人身安全。试样加热时不断向周围传递热量，炉体温度会随之上升，与试样直接接触的夹具温度也会升高，过高的温度既会影响夹

图 3-18 冷却水箱和水泵

具的刚度也会引起夹具的热膨胀，同时在加热时通过可控硅的电流会很大，可控硅会因为过热而导致其性能下降。所以必须对炉体、夹具和可控硅这些部件进行冷却，使设备维持在一个较低温度，避免因高温而损坏设备和炉体过热伤害试验人员。试验过程中循环水路中一直通有循环冷却水，循环水冷却过程始终伴随着热处理试验的进行。

循环水冷却系统主要技术参数：

（1）水流量分配：共 6 路，其中炉体夹具系统 4 路，炉体 1 路，可控硅 1 路；

（2）工作压力：0.2~0.4MPa；

（3）冷却水温度：≤40℃；

（4）水泵：流量 $3m^3/h$，扬程 30m，口径为 DN25。

3.3.2.4 主冷却系统

A 主冷却系统组成结构

主冷却系统是实现柔性热处理设备冷却功能的核心系统，主冷却系统包括喷水、喷气和喷气雾三种冷却模式，如图 3-17 所示，冷却水管道与冷却空气管道通过一个三通管道与主冷却管道相连通，水、气管道在进入三通管道的两个输入端前各自都安装一个气动开关阀，控制系统可以实现对气动开关阀的手动或自动控制。设备通过控制两个气动开关阀的开关状态来最终决定哪一种冷却介质进入主冷却管道。当冷却水管道的气动开关阀开启，冷却空气管道的气动开关阀关闭时，设备处于喷水冷却模式；当冷却空气管道的气动开关阀开启，冷却水管道的气动开关阀关闭时，设备处于喷气冷却模式；当冷却水管道和冷却空气管道的气动开关阀都开启时，设备处于喷气雾冷却模式。

主冷却系统中的冷却水由离心水泵从水箱抽送到冷却水管路中去，冷却水管路中包含截止阀、过滤器、电磁流量阀、流量计、压力变送器、气动开关阀等元件。水箱中的水源经离心水泵增压后，从超快冷喷嘴喷出的快速冷却水压可达 0.1~0.6MPa，这保证了强制冷却的较高冷却速度。流量计实时监视和检测强制冷却水的流量，控制系统通过电磁流量阀来调节冷却水的流量。压力变送器将检测到的冷却水压力信号反馈到控制系统中，控制系统通过水泵变频器对离心水泵进行调节，从而改变冷却水的水压力。

主冷却系统中的冷却空气由储气罐提供，储气罐每隔一段时间通过外部气站来充气。从储气罐输送的冷却空气最大压力可达 0.8MPa，冷却空气压力调节通过手动减压阀来实现。设备正常运转时，冷却空气压力一般固定在 0.3~0.4MPa。

主冷却系统中的冷却水与冷却空气按照一定的压强比混合后，流入到主冷却管道时的冷却介质就变成了气雾，所以喷气雾冷却模式可以看成是喷水冷却模式与喷气冷却模式的组合，喷气雾冷却的操作也就是在进行喷水冷却的操作时同时进行喷气冷却的操作。冷却水与冷却空气要形成气雾必须按照一定的压强比，本设备试验时一般设定值水、气压力的范围为：水压力为 0.2~0.3MPa；气压力为 0.4~0.6MPa。

B 管材的强制冷却工艺

水、气和气雾三种冷却介质是通过主冷却系统中的"冷却小车"最终喷射到试样表面上（图 3-19）。管材中空封闭的特殊结构会使其在强制冷却时容易引起钢管周向冷却不均匀，为了解决钢管冷却不均匀的问题，管材柔性热处理设备专门设计了用来对钢管实现周向冷却的冷却装置——冷却小车。

图 3-19 冷却小车

冷却小车实质是一个可移动的圆筒形状的不锈钢喷水罩。冷却小车外壁是一个由不锈钢制作而成的圆筒形保护罩，其下方接入全金属的蛇皮软管，蛇皮软管与主冷却管道相连，流入主冷却管道的三种冷却介质通过蛇皮软管进入冷却小车内，最后从冷却小车内壁的冷却喷嘴喷射出来。冷却小车轴向依次分布着6排环形斜缝（图3-20中2），斜缝后面是喷嘴的空腔（图3-20中4），喷嘴空腔与导水柱接通（图3-20中1）。喷水冷却时，蛇皮软管中的冷却水通过进水口（图3-20中3）进入冷却小车，之后从导水柱进入空腔，最后从斜缝喷射出。斜缝的喷射角度并不完全垂直于冷却小车的中心线，而是与斜缝的环形平面略成一定角度，这样的设计可以减小冷却水射入到钢管内部的几率，改善冷却效果。每一排喷嘴周向一共分布着24个导水柱，导水柱与径向成一定角度，这样从导水柱射出的水流会在冷却小车中心交织形成一个圆孔（图3-21所示），冷却水流经过导水柱和斜缝方向的引导后会以螺旋形式喷射在钢管外壁上，并由于惯性继续沿着钢管外壁螺旋前进，从而达到钢管周向均匀冷却的目的。

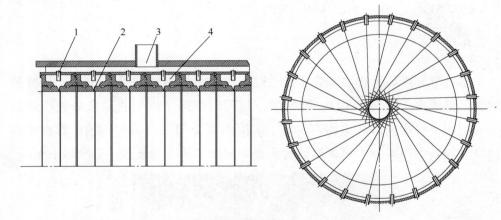

图 3-20　冷却小车喷嘴图
1—导水柱；2—斜缝；3—进水口；4—空腔

图 3-21　喷水冷却实物图（形成水柱圆孔）

冷却小车下方安装有滚轮，冷却小车可以在辊道上沿着轴向来回移动。当钢管试样在进行喷水冷却时，冷却小车可以在控制系统指定的位置进行周期为 1s 的左右摆动，这样从快速喷嘴螺旋喷射的冷却水流就在钢管外壁周向形成了圆柱形的喷水罩（图 3-22），保证了钢管能够获得更加全面的冷却效果，促使试样在喷水冷却时长度方向冷却均匀，避免出现竹节状冷却缺陷。同时，由于钢管固定不动，所以可以看成是钢管相对于冷却小车作"移动"，这就模拟了实际生产中钢管在辊道上运动时的冷却形式，更贴近于现场的实际生产中钢管被冷却的情景。

冷却小车摆动的距离为 90～100mm，即两个喷嘴之间的距离，冷却小车每秒两次的震动频率可以增加试样的冷却均匀性。冷却小车在辊道上摆动是由液压系统中液压缸的伸缩来实现的，液压缸的总行程为 700mm，同时延长 1.7m 左右的长度。由于液压油具有一定的缓冲和阻尼作用，可以在一定程度上消除或缓和系统刚性碰撞所产生的冲击、震动和噪声。因此，与机械传动相比，液压传动工作平稳、冲击和振动小、噪声低，这就保证了冷却小车移动速度的均匀性。此外，为了减少震动冲击，将冷却小车设置在轮式滑道上移动，并与液压系统采用柔性连接（图 3-23）。

　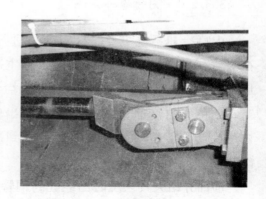

图 3-22　喷水冷却效果图　　　　　图 3-23　柔性连接机构

在试样加热时，移动冷却小车使快速冷却喷嘴远离高温试样，防止高温对喷嘴造成损坏或变形；在试样要进行冷却时，将冷却小车提前几秒移至试样的周向位置进行冷却。

C 主冷却系统的技术参数

喷水冷却系统主要技术参数：

（1）冷却水：经过滤的自来水或工业用水；

（2）工作水压力：有 0.1MPa，0.2MPa，0.3MPa，0.5MPa，0.6MPa 五个压力档位可选，一般设为 0.5MPa；

（3）工作水流量：有 30%，50%，70%，100%四个流量档位可选，一般设为 100%；

（4）冷却水温度：≤40℃；

（5）水泵：流量 180m³/h，扬程 75m；

（6）口径：DN125。

冷却小车主要技术参数：

（1）喷水数量：6 排斜缝喷嘴，每排 24 个导水柱；

（2）冷却小车内径：400mm；

（3）冷却小车最大移动速度：0.5m/s；

（4）冷却小车摆动周期：1s。

3.3.2.5 内喷冷却系统

内喷冷却系统主要是针对管材进行喷水冷却试验时的辅助冷却系统。在对管材试样进行喷水冷却时，从主冷却系统的冷却小车喷射出的螺旋形冷却水可以使钢管外壁达到快速均匀的冷却效果，但是管材是一种中空封闭的钢材产品，主冷却系统喷出的冷却水只能对试样的外表面进行快速冷却，若想使钢管内外壁均得到冷却，必须对钢管试样辅以内喷水冷却。

前面介绍夹具系统时已经提到钢管通过夹具系统固定在固定夹具座时，管试样就已经与内喷嘴接通，在强制喷水冷却的同时，可以通过内喷嘴对钢管内部进行喷水冷却，从而使钢管内外达到均匀快速冷却的效果。

内喷冷却系统由截止阀、离心泵、压力变送器、气动开关阀组成。

内喷冷却系统主要技术参数：

（1）冷却水：经过滤的自来水或工业用水；

（2）工作压力：0.6MPa；

（3）冷却水温度：≤40℃；

（4）水泵：流量 60m³/h，扬程 60m；

（5）口径：DN 50。

3.3.2.6 排水系统

对试样进行喷水冷却或喷气雾冷却的过程中炉体内会瞬间充满大量冷却废水，由于污水站的普通排水管道口径不足以迅速将强制冷却后的废水及时排出到炉体外，所以先将冷却废水排送到废水池中，待整个热处理试验结束后，由潜水泵把冷却废水抽送到污水处理站。

排水系统主要技术参数：

（1）废水池：2.4m³；

（2）水泵：流量 15m³/h，扬程 15m；

（3）口径：DN 200。

3.4 管材柔性热处理设备的控制系统

在热处理试验过程中，若想充分发挥出每个系统的功能与作用，必须依靠控制系统的总体协调。通过不同的测量仪器收集各个部分的数据，然后采取相应的控制策略对设备的模拟量和数字量进行精确的控制，从而协调各种执行元件在正确时间完成预定动作。

管材柔性热处理设备的控制功能主要是通过基础自动化控制系统来完成，基础自动化控制系统的开发内容主要包括控制系统硬件配置和软件开发两个方面。

3.4.1 控制系统的硬件配置

基础自动化控制系统采用 SIEMENS 公司 S7-300PLC 及远程 I/O 的结构。S7-300 的 CPU-315DP 主站与从站之间通过 PROFIBUS-DP 现场总线进行快速数据通讯，主要完成液压伺服位置控制、水泵的频率控制及液压系统、加热系统、冷却水系统阀组等的逻辑控制。

数据采集及温度控制计算机采用美国国家仪器公司（National

Instruments，简称 NI）生产的嵌入式实时控制器及高精度数据采集卡，保证了对温度的精确控制和试验过程数据的采集。实时显示计算机采用研华公司生产的平板电脑，实时显示试验过程中相关的工艺参数及数据。

上位机（Dell 台式商用机）通过工业以太网与 PLC、数据采集计算机、数据显示计算机进行快速数据交换并对试验过程数据进行处理。数据采集及温度控制计算机采用美国 NI 公司的嵌入式控制器，通过 Industrial Ethernet 与上位机、PLC 通讯。PLC 系统与远程 I/O 模板通过 PROFIBUS-DP 现场总线网连接，主要完成试验过程中的位置控制、冷却过程逻辑控制并进行状态监视。

带动冷却小车移动的液压缸的位移测量均采用美国 MTS 公司生产的磁致伸缩数字位移传感器，水泵的变频器采用西门子公司 MM430 变频调速器，即专门用于风机水泵调速控制的变频器。

控制系统的硬件配置见图 3-24。

3.4.2　控制系统的软件结构

整个系统的软件分为模拟量控制和数字逻辑控制两大部分，在每一部分的程序中，根据不同的工艺分成若干个子程序，在子程序中还会调用公共子程序。

模拟量控制部分的软件采用西门子公司的 STEP 7 编程软件，编程语言选用 STEP 7 中的 CFC、SCL 和 LAD 语言和美国 NI 公司的 LabVIEW 2010；数字逻辑控制软件选用西门子公司的 STEP 7，采用梯形图编程方式。

本系统模拟量控制部分选择的是 LabVIEW RT 软件，整个软件分为上位机程序和下位机程序。上位机程序主要完成人机界面和数据处理的任务，下位机 PXI 中的实时控制程序完成 PID 控制和数据采集工作。两部分的程序中都有一个调度程序，上位机的主程序是通过界面上按钮，来触发相应的子程序。而在 PXI 中的调度程序中是通过通讯接收到上位机的命令编码，由调度程序来触发相应的控制子程序。人机界面的设计软件采用 LabVIEW 2010，控制系统软件结构见图 3-25。

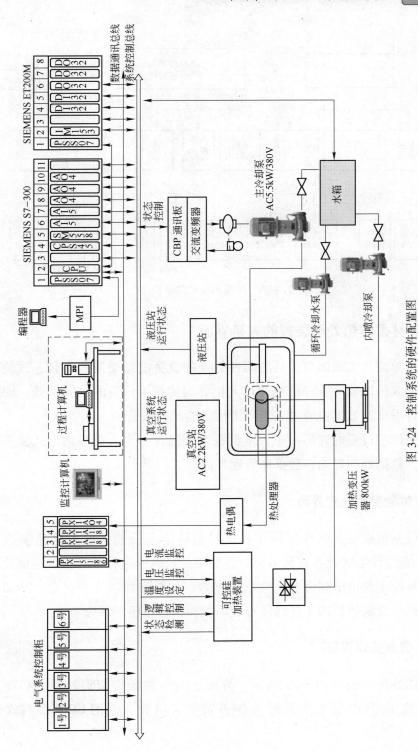

图 3-24 控制系统的硬件配置图

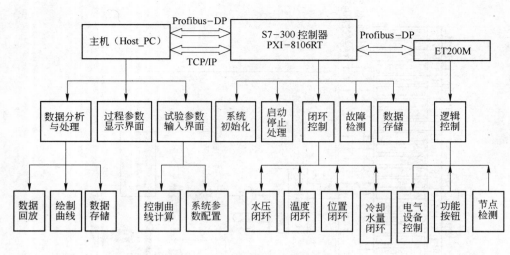

图 3-25　控制系统软件结构图

3.5　管材柔性热处理装置的人机界面

人机界面是实现试验人员与柔性热处理设备信息交流的平台，试验人员把想要完成的试验的各种信息通过人机界面传递给设备的控制系统，而试验设备的各项试验数据也通过人机界面传递给试验人员。

按照试验过程的先后顺序，本设备主要包含三个人机界面：试验参数设定界面、数据处理界面、数据库管理界面。

3.5.1　试验参数设定界面

试验参数设定人机界面用于在试验前试验人员输入设定试验参数（图3-26），通过设定试验参数来实现对热处理工艺的控制与研究。设定试验参数的人机界面主要由试样参数、热电偶参数，加热参数，冷却参数，冷却小车移动参数、设定热处理工艺曲线查看面板和执行按钮等部分组成。

3.5.2　数据处理界面

数据处理界面如图 3-27 所示，界面上有一些操作按钮，具体功能见表3-4。温度-时间曲线采用波形图控件显示，试验人员可以灵活缩放调整曲线。

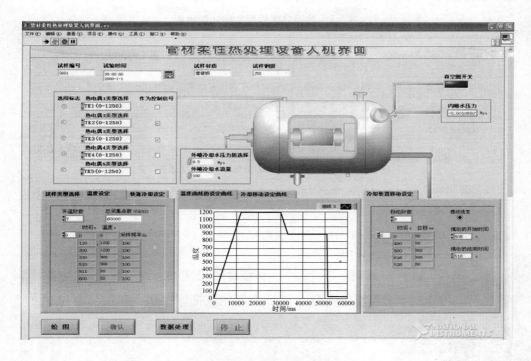

图 3-26　试验参数设定界面

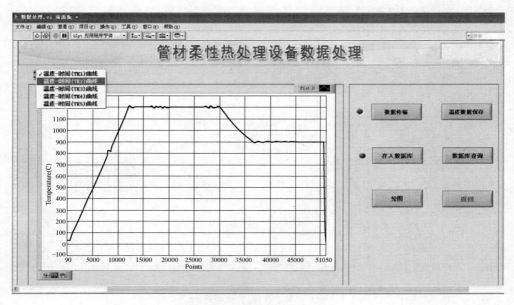

图 3-27　数据处理界面

表3-4 数据处理界面按钮功能说明

按钮名称	功 能 作 用
数据传输	将下位机的数据传给上位机
温度数据保存	将温度-时间曲线上的数据保存到指定位置的 Excel 电子表格中
存入数据库	将实验数据和设定参数存入到数据库中
数据库查询	进入数据库操作界面
绘　图	将本次实验中热电偶采集到的温度数据绘制成曲线在温度-时间控件上显示，便于用户通过曲线的走向、趋势更直观、快捷地查看数据的正误
返　回	结束整个数据处理过程，回到主操作界面

3.5.3　数据库管理界面

数据库管理界面如图 3-28 所示。本套设备采用 SQL Server 2005 数据库，该数据库可支持大容量数据存储、查询和其他数据库操作，并且与上位机的

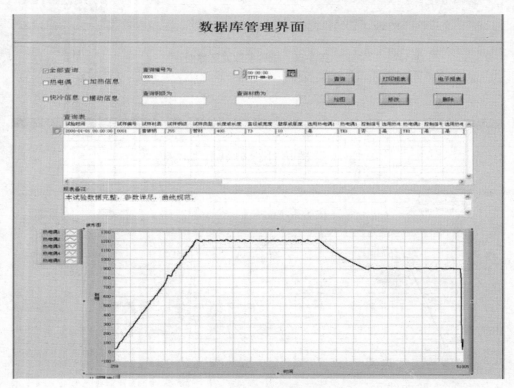

图 3-28　数据库管理界面

操作系统和操作程序具有良好兼容性，保障了数据库存储试验原始记录所应该具有的稳定性。利用该数据库界面可以完成已存入实验数据的查询、修改、删除、绘图、打印报表等功能。

3.6 现场实验效果

3.6.1 ϕ73mm×5.51mm×550mm 管试样喷水淬火实验

以 10℃/s 加热到 1200℃，保温 180s，以 10℃/s 冷却到 900℃保温 180s，然后进行喷水冷却。

根据实验曲线可得出 ϕ73mm×5.51mm×550mm 管试样喷水冷却速度可达 904℃/s，如图 3-29 所示。

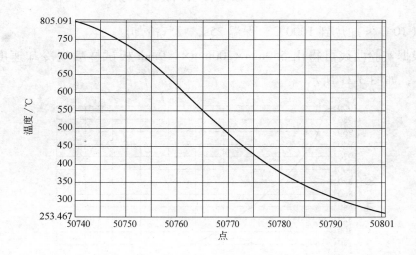

图 3-29 ϕ73mm×5.51mm×550mm 管试样喷水冷却降温时温度-时间曲线

（曲线横坐标为时间轴，每点为 10ms）

3.6.2 550mm×200mm×1.9mm 板试样喷雾冷却实验

以 10℃/s 加热到 900℃，保温 30s，喷雾冷却。

根据实验曲线可得出 550mm×200mm×1.9mm 板试样喷雾冷却速度达到 632℃/s，如图 3-30 所示。

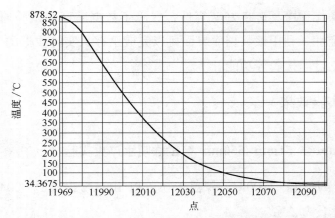

图 3-30 550mm×200mm×1.9mm 板试样喷雾冷却降温时温度-时间曲线

（曲线横坐标为时间轴，每点为 10ms）

3.6.3 550mm×200mm×1.9mm 板试样喷气冷却实验

以 10℃/s 加热到 1000℃，保温 25s，喷气冷却。

根据实验曲线可得出 550mm×200mm×1.9mm 板试样喷气冷却速度达到 28℃/s，如图 3-31 所示。

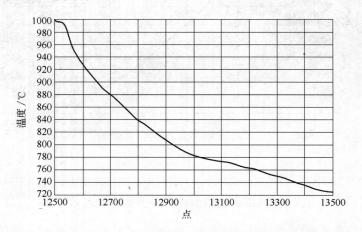

图 3-31 550mm×200mm×1.9mm 板试样喷气冷却降温时温度-时间曲线

（曲线横坐标为时间轴，每点为 10ms）

3.6.4 550mm×200mm×9.17mm 板试样喷水冷却实验

以 2℃/s 加热到 900℃，保温 30s，进行喷水冷却。

根据实验曲线可得出 550mm×200mm×9.17mm 板试样喷水冷却速度达到 147℃/s，如图 3-32 所示。

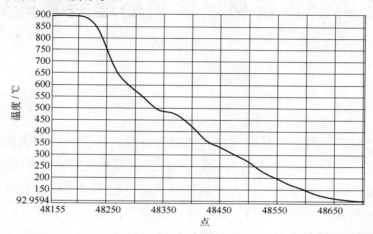

图 3-32　550mm×200mm×9.17mm 板试样喷水冷却降温时温度-时间曲线

（曲线横坐标为时间轴，每点为 10ms）

3.6.5　550mm×200mm×13.72mm 板试样喷水冷却实验

以 1.5℃/s 加热到 900℃，保温 10s，进行喷水冷却。

根据实验曲线可得出 550mm×200mm×13.72mm 板试样喷水冷却速度达到 106℃/s，如图 3-33 所示。

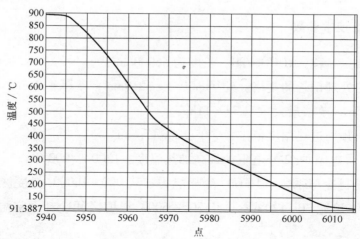

图 3-33　550mm×200mm×13.72mm 板试样喷水冷却降温时温度-时间曲线

（曲线横坐标为时间轴，每点为 10ms）

4 宝鸡钢管管材连续热处理装置的研制

4.1 装置概述

管材连续热处理装置是应宝鸡石油钢管有限责任公司的需求而研制，该项目为宝鸡石油钢管有限责任公司"国家石油天然气管材工程技术研究中心"平台建设项目内容之一，主要用于对不同材质不同规格的管材进行在线加热、控制冷却、淬火、调质、回火等热处理工艺和机理研究，依据《国家石油天然气管材工程技术研究中心管材连续热处理装置技术要求书》及钢材形变后热处理工艺的应用现状与发展趋势，在钢管生产领域推广应用新一代TMCP技术。

本套装置为管材全尺寸热处理装置，主要用于管材热处理工艺研究，采用先进的控制系统，综合了中频感应加热、电阻炉加热保温、控制冷却、水淬等不同功能，根据试验要求进行组合，可进行淬火、正火、等温正火、分级正火、分级淬火、退火、回火、固溶处理、时效等多种热处理工艺。

4.1.1 主要技术参数

（1）装置名称：ADCOS-TB，长度为56000mm；

（2）热处理钢管的规格：外径 $\phi60.3\sim\phi219$mm，壁厚4.0~13.72mm，单根长度3~5m，单根最大重量347.11kg；

（3）中频炉透热温度范围：600~1200℃；

（4）1号电阻炉/2号电阻炉最高加热温度：1200℃/900℃；

（5）控制冷却系统（UFC）冷却能力：从900~1000℃温度区间冷却到500~600℃，冷速30~120℃/s；从500~600℃温度区间冷却至室温，冷速≥20℃/s；

（6）内喷外淋水淬设备冷却能力：冷速≥50℃/s；

（7）控制冷却系统（UFC）水量：1800~2000m³/h；工作水压：0.3~

0.5MPa（最大可达 0.6MPa）；

（8）内喷外淋装置外淋水量：800m³/h；工作水压：0.3MPa；

（9）内喷外淋装置内喷水量：1050m³/h；工作水压：0.4MPa；

（10）供气系统压缩空气压力：0.4~0.6MPa；用气流量：约200m³/h。

4.1.2　装置布局

管材连续热处理装置全线总长 56m，宽 12m，在参观侧设立了安全通道和操作平台，包含的主要设备和装置为：上料台架、辊道系统、中频炉、1号电阻炉、控制冷却设备（UFC）、内喷外淋水淬装置、2号电阻炉、储料台架、电气系统、测温系统、热处理冷却水循环系统、设备用软水冷却循环系统等。主要设备布局如图 4-1 所示，现场设备如图 4-2 所示。

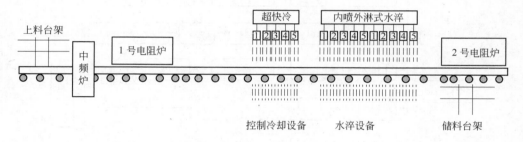

图 4-1　主要设备布局图

图 4-2　管材连续热处理装置现场设备图

a—上料台架；b—储料台架

4.1.3　工艺流程

本装置可对管径为 φ60.3~219mm、壁厚为 4.0~13.72mm、单根长度3~
5m 的钢管进行连续中频加热，随后钢管进入电阻炉进行保温均温，以确保管
体温度的均匀性；根据试验的不同要求，可对保温后的钢管进行空冷、温度
区间冷却（如 900℃冷却至 600℃）、淬火、回火等热处理工艺，可完成如图
4-3 所示不同种类管材热处理工艺试验。

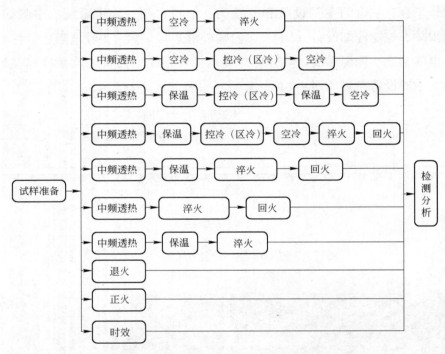

图 4-3　连续热处理工艺流程图

（区冷，温度区间冷却的简称）

下面将分节对各设备和装置系统进行说明。

4.2　辊道系统

4.2.1　辊道概述

辊道系统用于承载钢管及往返传递钢管，每个辊道单独安装一个由变频

器控制的减速电机，通过改变变频器的频率来手动或自动调节辊道电机转速，可进行无级变速，实现钢管在辊道上从静止到最大速度（1.5m/s）的旋转前进或后退。连续热处理线全线共 57 个辊道，由上料辊道、中频炉辊道、空冷辊道、超快冷辊道、内喷外淋辊道、传输空冷辊道（图 4-4、图 4-5）构成，辊道系统的设计与天津钢管加速冷却系统辊道相似，辊道呈 V 形，上料辊道和中频辊道按工艺要求逆时针方向倾斜 15°放置（角度不可调），以保证中频炉加热钢管时管温的均匀性；空冷辊道、超快冷辊道、内喷外淋辊道、传输空冷辊道角度可以调整（设定 0°、5°、10°、15°四个档位手动可调），加热的钢管在其上可以螺旋前进，使钢管能够均匀冷却，不会出现明显的弯曲变形现象。此外，在辊道系统的最前段设备一侧布置有上料台架，用于存放待处理钢管，辊道末端安全通道侧布置储料台架，用于存放热处理完成后的钢管。

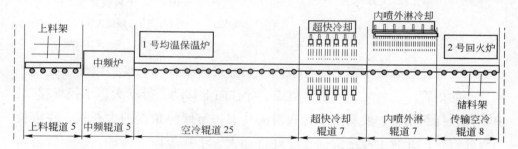

图 4-4　连续热处理线全线辊道构成简图

图 4-5　现场辊道实物图

4.2.1.1　上料台架

上料台架由型钢和钢板焊成（见图 4-6），其台架上可储存 $\phi 219mm$ 钢管

10 根。上料装置有两套，每套由 1 个液压缸、2 根导柱、1 个带限位挡板的大托板和 1 个小托板组成，结构如图 4-7 所示。

图 4-6 上料台架　　　　　　　　图 4-7 上料装置

1—液压缸；2—导柱；3—带限位大托板；4—小托板；

5，6—液压油管；7—支撑底座

　　小托板通过螺栓固定于大托板之上，并可调整伸缩长度，以便于托起不同管径的钢管。上料时，由液压缸控制导柱向上移动，带动大、小托板移动；由小托板托起钢管，使其沿小托板滑向具有一定倾斜角度的大托板，在限位挡板处停止；此时由液压缸通过导柱带动大、小托板向下移动，使钢管轻落在辊道上。

4.2.1.2　上料辊道和中频辊道

　　上料辊道与中频辊道各 5 台，每台辊道独立安装在各自的底座上，辊道间距 1100mm，按工艺要求这 10 台辊道逆时针方向倾斜 15° 放置（角度不可调）。中频炉感应加热器置于中频辊道间隔中心处，中频炉感应加热器尺寸为 550mm×500mm×500mm，由于中频加热时该区温度在 1200℃ 左右，所以辊道、轴承座、轴承及主轴均采用耐高温材料，辊体与轴承座材料为 ZG40Cr28Ni16（耐温 1150℃），同时，辊体通有用于冷却辊体的冷却水软管。辊道由辊体、主轴、轴承座、支座、减速电机组成，辊道速度 $v=0\sim0.3\mathrm{m/s}$。

4.2.1.3　空冷辊道

　　空冷辊道全长约 21m，共 25 台，每台辊道独立安装在各自的底座上，辊距约为810mm。每台辊道都能逆时针倾斜，倾斜角度为0~15°（设定0°、5°、10°、15°四个档位手动可调），采用连杆机构手动调整角度，前8台辊道为一组，中间12台辊道每6台为一组，后5台为一组，每组角度可调。空冷辊道两侧设有防止钢管越出辊道侧挡板（不锈钢板组成），以确保设备及人身安全。该空冷辊道结构原理与中频辊道相同，构造如图4-8所示。

图4-8 空冷辊道

1—辊体；2—主轴；3—轴承；4—支座；5—减速电机；6—不锈钢挡板；7—辊体冷却
循环水管；8—循环水总管；9—辊道角度调整手柄；10—调整辊道连杆

4.2.1.4 超快冷辊道、内喷外淋辊道与传输空冷辊道

超快冷辊道7台（一组），全长7.7m，每台辊道独立安装在各自的底座上，辊距为1100mm；内喷外淋辊道7台（一组），间距依据实际情况配合内喷外淋装置的布置调整；传输空冷辊道8台（一组），辊距为1100mm，三组辊道均采用连杆机构，可手动调整倾斜角度，其倾斜角度为0°~15°（设定0°、5°、10°、15°四个档位手动可调），调整方式、原理、结构与空冷辊道相同，减速电机、转速与空冷辊道相同，每台辊道电机单独传动。

4.2.1.5 储料台架

储料台架由型钢及钢板焊成，构造与上料台架相似，其台架上可储存ϕ219钢管5根。

　　下料装置也有两套，如图 4-9 所示，每套由 1 个液压缸、2 根导柱、1 个带限位挡板的大托板组成。由液压缸控制导柱向上移动，带动大托板移动；由具有一定倾斜角度的大托板托起钢管，使钢管沿大托板滑向储料台架。在辊道的尾端设有挡料装置防止钢管跌落，如图 4-10 所示。

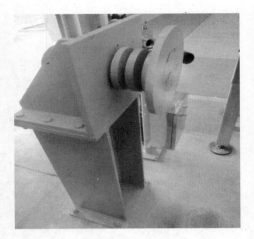

图 4-9　下料装置　　　　　　　　图 4-10　辊道尾端挡料装置

4.2.2　辊道冷却

　　辊道系统的全线辊道共 57 台，除上料辊道和传输空冷辊道外，其他辊道均采用通循环水冷却的设计方式，以防止钢管粘辊和水印的情况出现。

　　整条工艺线循环冷却水系统由水箱、液位计、温度计、水泵、电磁阀、手动阀、不锈钢自来水管等组成，用于冷却辊体的红色软管接通到不锈钢水管上，此外，该冷却系统还用于电阻炉框架及液压站液压油的冷却。冷却水循环系统的结构如图 4-11 所示。

4.2.2.1　水箱

　　水箱为辊道冷却、电阻炉框架冷却和液压站液压油冷却提供水源，尺寸为 1700mm×800mm×1000mm，总容积 1.36m³，工作水位 0.6~0.7m。水箱采用不锈钢材质，整体坚固耐用。水箱里安装有液位计、温度计，可以实时显示水面高度及冷却水温度。

4.2.2.2 水泵

用于给循环冷却水系统提供动力。水泵及电磁阀打开时，循环冷却水一路经过 2 号电阻炉→辊道系统→1 号电阻炉→辊道系统→2 号电阻炉后，流回水箱；一路经过液压站板式冷却器后流回水箱。循环水系统结构如图 4-11 所示。冷却循环水主体构件图如图 4-12 所示。

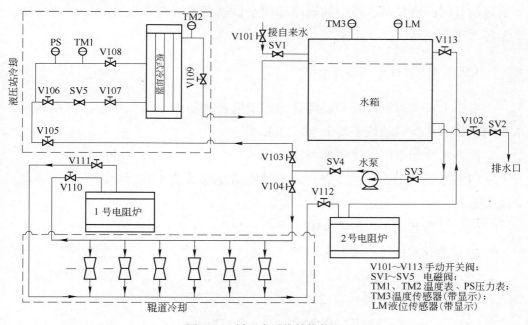

图 4-11 循环水系统结构简图

图 4-12 冷却循环水主体构件图

4.2.2.3　手动截止阀与电磁阀

循环水路中有手动截止阀、电磁阀，其中 V101～V113 为手动开关阀，SV1 为上水电磁阀，SV2 为排水电磁阀，SV3、SV4 为循环水自动控制电磁阀。手动开关阀的作用是截断水箱向管路中进水，以便工作人员对设备进行维修和检查管路；电磁阀用于自动控制水箱的上水、排水及整个循环水系统的自动开闭；水泵从水箱中抽取冷却用水供循环水冷却系统使用，维持冷却循环水正常流动。

4.2.2.4　液位计与温度计

水箱上安装有液位计和温度计，用于监控水箱内水位及水温，可根据水箱内水位和水温自动或手动上水、排水。

循环水冷却系统主要技术参数：

（1）水流量分配：共 2 路；其中液压站冷却系统 1 路，电阻炉和辊道系统 1 路；

（2）工作压力：0.2～0.4MPa；

（3）冷却水温度：≤50℃；

（4）水泵：流量 $4m^3/h$，扬程 32m，转速 2900r/min，进出口径 DN25；

（5）液位计：量程 0～1.2m；

（6）温度计：量程 0～100℃。

4.3　中频感应加热炉

从热处理过程的连续化、自动化及热处理后钢管表面质量良好且无严重氧化铁皮的角度考虑，采用中频感应加热的方式对钢管进行连续热处理是最好的选择。中频感应热处理加热速度快，工件表面氧化脱碳较轻，加热设备可以安装在机械加工生产线上，易于实现机械化和自动化，便于管理，有利于提高生产效率。

连续热处理线前段布置了两套中频感应加热炉（图 4-13），用于对实验钢管进行快速连续加热，可减轻钢管表面氧化脱碳，节约实验时间，每套中频感应炉包括 2 组感应加热器及炉架、中频电源柜、电容器柜、闭式冷却塔及控制系统等。

图 4-13 中频感应加热炉

4.3.1 技术参数

（1）处理能力：$\phi 139.7\text{mm} \times 7.72\text{mm}$ 钢管加热到 1000℃，行进速度 3m/min；

（2）整体透热温度范围：600～1200℃；

（3）整体透热温度精度要求：$\leqslant \pm 4$℃；

（4）控制模式：闭环控制和手动控制，手动控制可实现锁定功率；

（5）电源功率：1500kW（每套 750kW）；

（6）功率因数：$\geqslant 0.9$；

（7）频率：0～2500Hz；

（8）中频电压：连续可调；

（9）直流电流：连续可调。

4.3.2 中频电源

中频电源采用恒压型串联谐振变频电源，其整流电路采用软启动、开放型三相全波整流电路，如图 4-14 所示。工作过程是：整流器供电后，控制电路发出脉冲，约 4s 后 $SCR1$、$SCR2$、$SCR3$ 处于全导通状态，此时直流电压达到最大（$U_d = 1.35U_a$），逆变器启动后，无论功率高低，直流电压始终保持最大值。当整流的负载发生故障时，控制电路发出脉冲，关闭 $SCR1$、$SCR2$、$SCR3$ 可控硅，整流停止向负载供电。

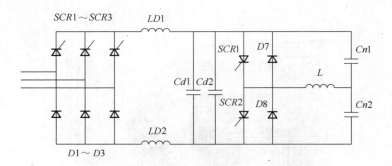

图 4-14 串联谐振中频电源主电路原理

$LD1$、$LD2$ 为限流电感，同时与 CD 滤波电容组成滤波电路，对直流滤波。逆变部分采用串联谐振式逆变电路，当经过滤波的恒定电压直流电能送入逆变器后，通过改变逆变器的工作频率调整逆变器的功率输出。逆变器的工作方式为它激控制工作方式，它激频率最高值为负载的谐振频率，即负载的最大功率输出。

4.3.3 感应加热器

感应加热器是一种电感线圈，利用交变的电流产生交变的磁场，这个交变的磁场使其中的金属导体内部产生涡流（eddy current），从而使金属工件迅速发热，如图 4-15 所示。在感应加热的过程中，温度升高的只是被加热工件的金属部分，感应加热器本身和被加热工件的非金属部分并不发热。

图 4-15 感应加热器

鉴于钢管的长度，感应加热装置有 2 套，4 个感应加热器，位于辊道中间，间距相同，用于钢管缓慢通过辊道时的快速加热。

用于该工艺线的感应器具有如下特点：

（1）中频感应线圈可进行上下调整，适应不同规格管子，从而保证管体加热温度分布均匀；

（2）中频感应线圈两端为不锈钢板，用于保护炉膛不被撞坏，防止管子端部在行走过程中撞到线圈；

（3）感应加热器外形为方形，尺寸为 550mm×500mm×500mm；

（4）感应加热器规格：GTR170/GTR210/GTR300，对应的加热钢管直径如表 4-1 所示。实验时可根据待加热钢管管径选择对应规格感应加热器，换装感应器并尽可能使钢管处于感应器中间位置。

表 4-1 不同规格感应器对应的加热管管径范围

感应加热器规格	GTR170	GTR210	GTR300
加热钢管管径/mm	$\phi60\sim100$	$\phi100\sim150$	$\phi150\sim220$

4.3.4 闭式冷却塔

感应加热时，设备在大功率状态下工作，变频电源的主要元器件（如整流器、晶体管）、母排、线圈等部件由于电流的热效应，在大电流条件下工作，必然会产生一定的热量，造成附带温升，如果不及时实施冷却，不但会影响机器的性能和功率，还会烧坏元件部件损坏机器，可采用闭式冷却塔（图 4-16）用于冷却中频感应加热炉设备。

图 4-16 闭式冷却塔

4.3.4.1 闭式冷却塔技术参数

闭式冷却塔技术参数如下：

（1）额定冷却容量：200kW；

（2）纯水循环流量：≥36t/h；

（3）纯水压力：0~0.4MPa；

（4）纯水工作温度：5~40℃；

（5）整机电功率：13.4kW。

4.3.4.2 冷却塔结构与工作原理

闭式冷却塔采用纯水（去离子水）作为主冷却介质，主要由冷却器本体、泵组、管路、高位膨胀水箱及电气控制等五部分组成，其工作流程如图4-17所示。

纯水从负载吸热后，经工作水泵加压后，通过自动换向阀F2进入冷却器本体中，通过翅片管将热量传递给运动空气（风）而冷却，冷却后的纯水经本机出水口和连接管道，输入主机冷却水道吸收热量后，又与高位膨胀水箱的补充水汇合，重新进入水泵加压，形成周而复始的循环回路。

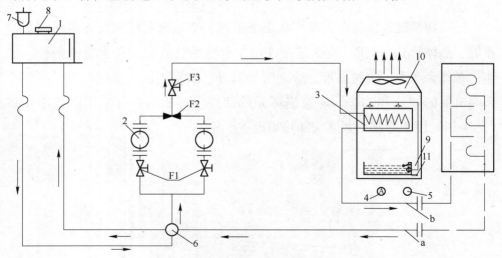

图 4-17 闭式冷却塔结构原理图

1—高位液膨胀水箱；2—泵组；3—冷却器本体；4—电接点温度表；5—电接点压力表；6—气水分离器；7—自动放气阀；8—液位报警器；9—喷淋系统；10—风机组；11—排污口；

F1—纯水进水阀；F2—自动换向阀；F3—流量控制阀

4.4 电阻炉（1 号/2 号电阻炉）

中频感应加热时，钢管缓慢通过感应加热器，当钢管前段加热完成出加热器时，中后段仍处在加热过程中，这样当整根钢管加热完成出炉后，钢管温度不均匀，前端已产生较大的温降，又由于钢管比较短只有 5m 长，自动控制上难以保证单根钢管加热完成后温度的均匀性，因此，在中频加热后的工段上设置了高温电阻炉（1 号电阻炉），用于钢管中频加热完成后的均温、保温。

在设计电阻炉时，钢管出炉的形式有侧开式和通过式两种方案供选择，考虑到采用侧开式方案，钢管保温完毕后出炉产生的温度梯度远小于通过式方案（图 4-18），所以 1 号均温保温高温炉和 2 号回火低温炉均采用侧开式方案，钢管可快速侧进侧出电阻炉，减小钢管超快冷前或水淬前的温度不均匀性。

电阻炉实物如图 4-19 所示。

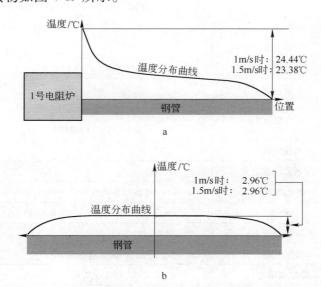

图 4-18　两种方案钢管出炉后长度方向温度梯度示意图

a—通过式方案；b—侧开式方案

4.4.1　主要性能指标

高温电阻炉、低温电阻炉主要性能指标见表 4-2。

图 4-19　电阻炉实物图

表 4-2　高温电阻炉、低温电阻炉技术参数

序 号	名　称	参　数		单 位
		鳄式高温炉	鳄式低温炉	
1	电源	3 相/4 线、380V/220V±10%、50Hz±10%、250kVA		
2	额定功率	0~180kW 自动调节		kW
3	额定温度	1200	900	℃
4	炉温均匀性	±7（900℃），±4（1200℃）		℃
5	控温精度	±1		℃
6	平均升温速率	≥15（室温~900℃） ≥6（900~1200℃）		℃/min
7	加热区数	3	6	区
8	加热元件接法	YY	Y	
9	控温方式	可编程序曲线+PID+SSR		
10	热电偶	S 分度	K 分度	
11	液压工作压力	10		MPa
12	液压管径	进油/回油管道均为 DN25		
13	冷却水压力	0.2 ~ 0.6		MPa
14	冷却水质	软水		

4.4.2　电阻炉结构特点

电阻炉主要包括加热炉（炉壳、炉衬、加热元件）、炉盖启闭机构 、炉体倾动装置、液压管路系统、电气控制系统及其他相关配套装置。

4.4.2.1 加热炉

加热炉是电阻炉的主体，其功能是加热工件至设定温度并按工艺保温均热。其为六棱体式框架结构，为满足管料加热及保温时温度均匀性的要求，高温加热炉（1号炉）设置 3 组独立加热区；低温加热炉（2号炉）设置 6 组独立加热区。炉体与进出料台对接，进出料台和工件输送辊道对接。加热炉主要构成包括炉壳、炉衬、加热体等。

A　炉壳

炉壳主要作用在于承受炉衬和工件载荷。炉壳为六棱体式框架结构，材料选用不锈钢板与不锈钢矩形管焊接完成，其结构既满足足够的强度和刚度的要求，外观又美观。

B　炉衬

炉衬主要作用在于保持炉膛温度和减少炉内热量散失，其对炉温均匀性有着重要的影响。采用全耐火陶瓷纤维模块砌筑而成，可确保炉壳表面温升小于 40℃。

C　加热元件

电热元件为 0Cr27Al7Mo2 电阻带通过瓷钉固定在炉内腔。

4.4.2.2 炉盖启闭机构

炉盖启闭机构由 2 个同步液压缸通过链条及限位装置（限位开关）控制炉盖的启闭，可保证正常进出料要求如图 4-20 所示。

4.4.2.3 炉体倾斜装置

由 2 个同步液压缸及限位装置（限位开关）和倾角传感器，控制炉体精确的角度倾动，完成单根料进出炉，该装置主要实现两个功能：

（1）工件由辊道快速进入炉体进行加热。

首先炉盖打开装置将炉盖打开，炉体倾斜至上料位置，然后炉外倾动装

图 4-20 炉盖启闭与炉体倾斜装置

置通过炉体后面两个油缸将炉体复位，进出料台将工件升起后倾斜，工件自然滚落至炉内。炉内设有挡料装置，工件进入炉体后炉盖关闭并密封炉体，进行加热。

（2）工件快速由炉内出至辊道。

首先炉盖打开装置将炉盖打开，然后炉体倾动装置将炉体整体倾斜，工件自然滚落至炉外进出料台，进出料台下降至辊道，管料轻落入辊道上。电阻炉运行状态如图 4-21 所示。

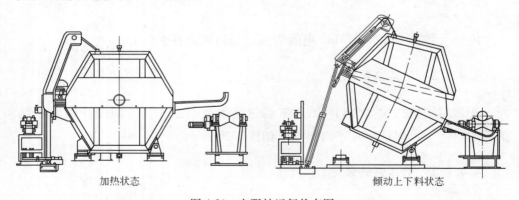

加热状态　　　　　　　　　　　　　　倾动上下料状态

图 4-21 电阻炉运行状态图

4.4.2.4 液压管路系统

液压管路系统为所有液压机构（炉盖启闭机构、炉体倾动装置）提供动力，主要由液压缸、液压阀块、管道阀门、液压阀台等辅件组成。详细的管路结构及各部分的功能参看 4.7 节中的液压系统部分。图 4-22 所示为电阻炉液压阀台。

图 4-22　电阻炉液压阀台

4.5　超快速冷却（UFC）系统

该装置用于在不同温度点对 $\phi60.3\sim219\text{mm}$ 钢管进行温度区间超快速冷却。加热钢管以一定的速度通过冷却喷嘴，在高压水冲击下快速降温。图 4-23 所示为超快冷系统。

图 4-23　超快冷系统

4.5.1　技术参数

（1）冷却模式：通过式冷却；

（2）冷却能力：从 900～1000℃ 温度区间冷却到 500～600℃，冷速 30～120℃/s；从 500～600℃ 温度区间冷却至室温，冷速 ≥20℃/s；

（3）UFC 超快冷装置流量：1800～2000m³/h；

（4）UFC 供水泵：变频泵水量可调；

（5）UFC 冷却水系统压力：≥0.5MPa；

（6）UFC 冷却装置数量：6组，每组 3 个喷嘴；

（7）UFC 冷却喷嘴结构：环状斜缝喷嘴，自主发明专利技术[30]；

（8）控制冷却机组框架调整范围：0～200mm。

4.5.2 设备结构特点

超快速冷却系统由封水框架、喷嘴系统、供水系统、供气系统、控制系统等部分组成。

4.5.2.1 封水框架

封水框架可有效地防止水喷溅，在其操作侧设有透明钢化玻璃制作的观察窗，可以观察试样的冷却情况；封水框架的上表面起固定和移动喷嘴系统的作用。封水框架内设置有支撑框架，用于承重 6 个喷嘴单元和 2 个液压缸。封水框架长度约 7m、宽度约 1m、高度约 1.7m。

4.5.2.2 喷嘴系统

喷嘴系统包括 6 个喷嘴单元，每个喷嘴单元均为圆筒形结构，喷嘴单元前半部设置三道环形斜缝喷嘴，保证高压水在喷嘴内壁与钢管之间呈螺旋状运动形式，提高打破沸腾膜的效率，提高冷却能力；每个喷嘴单元后半部设置两道气雾喷嘴，每一道沿圆周均匀分布 8 个气雾喷嘴，两道共包含 16 个气雾喷嘴，保证水流喷射钢管的均匀性；喷嘴系统的末端设有单个吹气喷嘴，用于钢管超快速冷却后表面水汽的清扫，即完成超快冷装置的水封功能。喷嘴单元中的斜缝喷嘴与气雾喷嘴相互独立受控；启动控制冷却系统时，可以分别开启或关闭喷嘴单元中的斜缝喷嘴和气雾喷嘴，也可以同时开启或关闭两者，其结构如图 4-24 所示。

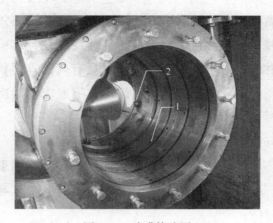

图 4-24　喷嘴构造图
1—斜缝喷嘴；2—气雾喷嘴

斜缝喷嘴具有以下技术特点：

（1）斜缝喷嘴由外向内分别由外壳、冷却水层和若干斜缝喷嘴单元嵌套组成，冷却水层为外壳与斜缝喷嘴单元的间隔空间；

（2）斜缝喷嘴单元为具有一定高度和厚度的圆环形结构，自外向内由导水层、稳流层、斜缝层构成，斜缝喷嘴单元并排压靠在一起；

（3）斜缝喷嘴单元的导水层的圆周上均匀分布若干空心导水柱，每个导水柱的中心线同方向与垂直线周向成一定角度，且所有导水柱的倾斜角度需保持一致。保证了所有导水柱喷水方向的延长线相互成一个内切圆，并且该内切圆的直径小于等于冷却钢管的直径；

（4）相邻的斜缝喷嘴单元导水层内的空心导水柱周向分布时相互错开一定的距离，以保证多组斜缝喷嘴单元共同作用时喷射到钢管壁的水流分布更加均匀；

（5）斜缝喷嘴单元稳流层的内腔为外宽内窄的漏斗形，可以延长水流在稳流层的停留时间，并且辅助高速旋转的紊流向稳流状态过渡；

（6）斜缝喷嘴单元的斜缝层由圆环形喷嘴调节套板组成，喷嘴调节套板的中间间隙为斜缝喷嘴即出水口，为周向的斜缝形状，其由外向内宽度逐渐变小，并与垂直线轴向成一定角度，使喷射的水流具有与冷却钢管运行方向相同的向前或向后的趋势；

（7）斜缝喷嘴单元的斜缝层斜缝喷嘴的宽度可通过喷嘴调节套板调节，

以此调节斜缝喷嘴喷射水流的薄厚，以便得到理想的出水效果和出水流量；

（8）斜缝喷嘴单元导水层、稳流层、斜缝层的设计结构，引导水流既有沿钢管壁周向喷射形成内切圆的趋势，同时具有与钢管运行方向相同的向前或向后的流动特点；综合两种特性，最终形成喷射水流沿冷却钢管壁螺旋向前或向后的喷射形式。

气雾喷嘴具有如下技术特点：

（1）所有气雾喷嘴均选用实心圆锥形喷嘴，即喷嘴喷射流体的状态是实心圆锥形状，每一道气雾喷嘴装置沿圆周均匀布置 8 个气雾喷嘴，保证了钢管周向冷却的均匀性；

（2）相邻两道气雾喷嘴周向相互错开一定的距离，更有效的保证了钢管冷却的均匀性。

6 组喷嘴单元每 3 个一组固定在喷嘴框架上，共设有两个喷嘴框架，每个喷嘴框架由两根导柱与液压缸相连，液压缸上共安装有 4 个美国 MTS 位移传感器，可测量液压缸位移，可手动调整液压缸位移以使喷嘴中心线与钢管中心线在一个水平线上，达到最佳冷却效果。

每个喷嘴单元在外壳水平对称的位置设有两个进水口，通过两根软管与外部进水管相连，以保证外部进水能均匀的充满整个喷嘴单元，确保喷嘴处喷射水量的均匀性。

封水框架和喷嘴框架均为不锈钢材料。

喷嘴系统尺寸：圆筒式，内径 400mm，外径 600mm，每组长度 400mm，共 6 组，长约 6.6m。

喷嘴框架的调整范围：0~200mm。

4.5.2.3　供水系统

供水系统给超快冷装置和内喷外淋装置两个部分供水，其结构简图如图4-25 所示。

设计 70m³ 蓄水池和 20m³ 的沉淀池作为供水系统的水源和水流回收站，两个水池中间用水泥墙隔开并在墙的中间贯通。蓄水池和沉淀池均设有潜水泵（图 4-25 中 M4、M5）。其中蓄水池内潜水泵通过水管连到沉淀池内，用于将蓄水池内的水排到沉淀池里；沉淀池内的潜水泵与外面的排水管道相连，可将蓄水池和沉淀池内水排出池外，沉淀池内设有液位计（量程 0 ~ 3.5m）与计算机控制系统相连，实时监控蓄水池液位并报警。

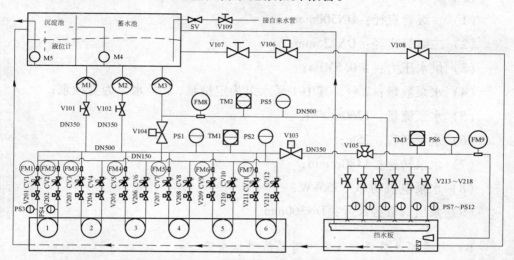

M1定量泵；M2、M3变频泵；M4、M5潜水泵；PS1~PS4压力传感器；PS7~PS12压力表；
TM1~TM3温度传感器；V101、V102手动蝶阀；V105液动三通阀；V106、V108电动调节阀；
V107手动溢流阀；V109手动开关阀；SV电磁阀；FM1~FM9电磁流量计；
CV1~CV12电动调节阀；V103、V104、V201~V212气动开关阀；V213~V218手动闸阀

图 4-25　超快冷及内喷外淋供水系统结构简图

A　超快冷装置供水系统

通过两台出水管径为 DN300mm 水泵为 UFC 供水，两个水泵的型号相同。其中 1 号水泵为定量泵，为超快冷供应基础的水流量；2 号水泵为变频调节泵，可设定其变频频率以调节超快冷水量及水压。从两个水泵电机引出的两根总管变径为 350mm 后与一级管相连，两根总管路设有溢流回路，并设有手动蝶阀，长时间不使用水泵时，关闭手动蝶阀，以免两泵内无水致使水泵无法正常抽水。一级管路设有压力表、温度计，一级管分出六路二级管与六路喷嘴单元软管相连，二级管每路均设电磁流量计、电动调节阀、气动开关阀，其中电磁流量计用于实时监控各二级管内水流量；电动调节阀用于调节二级管内水流量（调节阀开口度可在 0 ~ 100 之间设定），气动开关阀用于每路供水的开闭。供水系统设有过滤装置，保证供水清洁。

超快冷实验时，可根据加热钢管冷却前后的温度，设定钢管在超快冷段的辊速、2 号变频水泵的频率（一级管工作压力）、喷嘴单元的开启个数来调

整冷速。

技术参数：

（1）一级管直径：DN500mm；

（2）二级管直径：DN125mm；

（3）供水压力：≥0.5MPa；

（4）水泵数量：2台，其中1号水泵为定量泵，2号水泵为变频泵；

（5）水泵流量：1260m³/h；

（6）水泵扬程：75m；

（7）水泵转速：1480r/min；

（8）水泵电机功率：355kW；

（9）泵出口管径尺寸：DN300mm。

B　内喷外淋装置和气雾喷嘴系统供水系统

超快冷供水系统的一级管回路中设置气动开关阀（V103）、液压三通阀（V105）、回水电动调节阀（V106）、排渣电动调节阀（V107），其中气动开关阀用于内喷外淋的内喷水路供水的开闭；液压三通阀用于调节内喷水及一级管回水；回水电动调节阀、排渣电动调节阀调节回水及排渣的水流量。内喷外淋装置中内喷的供水量和出口压力等参数要求与超快冷装置的冷却参数几乎一致，所以内喷部分与超快冷装置共用一套水泵和电机。因工艺设计中，两个冷却装置不同时使用，所以不会影响各自的使用效率。内喷供水时只需开启2号变频水泵便可满足供水要求。

另加一个水泵（3号变频水泵）给内喷外淋装置中的外淋一级管和UFC中的气雾喷嘴系统供水，因两者不同时使用，所以共用同一台水泵不会影响各自的使用效率。UFC中的气雾喷嘴系统在一级管路设有压力表、气动开关阀，其中压力表用于监控一级管水压；气动开关阀用于气雾冷却供水的开闭。一级管分出六路二级管与六路喷嘴单元软管相连，其中一路设有流量计（监控流量），二级管每路均设电动调节阀（调节流量大小）、气动开关阀（气雾水路开闭）。

技术参数：

（1）供水压力：≥0.3MPa；

（2）水泵型号：300RK1000-50A；

（3）水泵数量：1台，为变频泵；

（4）水泵流量：950m³/h；

（5）水泵扬程：45m；

（6）水泵转速：1490r/min；

（7）水泵电机功率：160kW；

（8）泵出口尺寸：DN300mm。

一级管道及其之前管道为优质碳钢防腐管道，二级管道及各种阀门流量计均为不锈钢材质。

4.5.2.4 供气系统

供气系统用于给超快冷喷嘴阀门及气雾喷嘴阀门开启提供动力、给超快冷装置提供水封功能和内喷外淋装置吹气喷嘴提供工作气源。供气系统结构简图如图4-26所示。

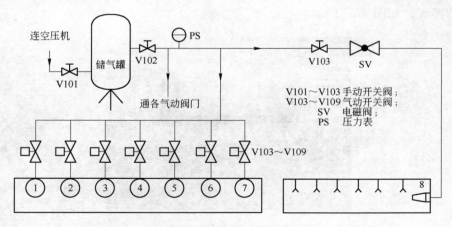

图 4-26 供气系统结构简图

1~6—超快冷气雾冷却6路供气喷嘴；7—气封供气喷嘴；8—内喷喷气喷嘴

空气压缩机提供的压缩空气先进入储气罐内，储气罐前后管路上安装有手动开关阀（V101、V102），平时处于常开状态，检修储气罐时关闭。储气罐后的供气管路上设有压力表，监测供气压力。

储气罐后的供气管路分为三路，一路用于给超快冷及气雾冷喷嘴气动开关阀、超快冷一级管内喷水路总阀、气雾冷水路总阀开启提供动力，一路给气雾冷气路、超快冷水封喷嘴提供工作气源，另一路给内喷外淋装置吹气喷嘴提供工作气源。

供气系统的冷却空气由储气罐提供，储气罐连接到空气压缩机上，从储气罐输送的最大冷却空气压力为 0.8MPa，平时正常运行时设定的输送冷却空气压力为 0.3~0.4MPa。

储气罐技术参数：

（1）容积：1.5m³；

（2）设计压力：0.84MPa；

（3）最高允许工作压力：0.8MPa；

（4）主体材质：Q235B。

4.6 内喷外淋装置

本淬火设备安装在超快冷设备的后面，与其共用一条输料辊道，能够实现"外淋+内喷+旋转"的淬火工艺，以满足产品大纲中 $\phi 60.3 \sim 219.0$mm 钢管的淬火，如图 4-27 所示。

图 4-27 内喷外淋装置

4.6.1 设备的组成及功能特点

内喷外淋装置由机械设备、供水系统、液压系统、润滑控制系统以及电气控制系统组成。机械设备由升降挡板、上料装置、旋转装置、固定挡水板、挡水箱、压紧装置、外淋及内喷装置（含机架、喷水喷嘴和吹气喷嘴）、检修门和检修平台、热金属检测仪、测温仪组成。

4.6.1.1　升降挡板

在输送辊道的适当位置安装有升降挡板，用于钢管淬火时的定位，如图 4-28 所示。当钢管淬完火后挡板下降，钢管通过辊道进入下一工位。升降挡板由油缸驱动。

图 4-28　升降挡板装置

4.6.1.2　上料装置

上料装置功能是将钢管从内喷外淋辊道移至旋转装置的支撑轮上。主要由主传动轴、手臂及安装在手臂上的 V 形块等组成，如图 4-29 所示。

图 4-29　内喷外淋上料装置

采用斯惠顿杠杆原理，即电机减速器驱动主轴使手臂旋转，与此同时安装在手臂上的 V 形块借助于链轮链条向手臂的反方向旋转，使得 V 形块始终保持水平，这样 V 形块托起辊道上的钢管，方便可靠地送入到旋转滚轮上。驱动电机采用变频调速，以适应钢管规格和节奏的变化。主轴端部装有接近开关按设定程序通过 PLC 使钢管实现快速送进、慢速接近和停止，避免损伤钢管外表面。

上料装置上设计随动挡水板，以挡住外淋飞溅的水。

上料装置技术特征：

（1）电机功率：18.5 kW；

（2）主轴旋转中心与 V 形座旋转中心间距：1000 mm；

（3）主轴最高转速：15 r/min；

（4）主轴速度变化：采用变频电机驱动，实现轻拿轻放。

4.6.1.3 旋转装置

旋转装置的功能是接受上料装置上的钢管并旋转钢管，安装在外淋、内喷装置的水平喷射位置，通过设计喷嘴的不同偏心，使水平内喷射中心与钢管中心一致，主要由传动轴、成对支撑轮、支架等组成，如图 4-30 所示。

支撑轮的旋转依靠直联式电机减速机驱动。电机减速机驱动主动轴使主动链轮旋转，主动链轮借助于链条使从动链轮旋转，在从动轮的带动下每对平行的支撑轮开始旋转，这样放置在支撑轮上被夹紧的钢管也就旋转起来。

图 4-30 旋转装置

旋转装置技术参数：

（1）支撑轮直径：$\phi 250mm$；

（2）数量：6 对；

（3）电机功率：11kW；

（4）低速旋转转速：10r/min；

（5）高速工作转速：15~100r/min；

（6）调速方式：变频调速。

4.6.1.4　固定挡水板

在内喷外淋辊道与旋转装置之间及旋转装置的外侧安装有固定挡水板，以减少淬火时大量的水飞溅到输送辊道和设备周边。

4.6.1.5　挡水箱

由型钢和钢板焊接而成，设置在旋转装置的尾部，以收集淬火后的内喷水。

4.6.1.6　压紧装置

压紧装置由油缸和连杆组成，均安装在机架上，分别与旋转装置的每对支撑轮位置对应，每个连杆的端部都装有压紧轮，如图4-31所示。工作时油缸驱动连杆将压紧轮压紧在旋转装置支撑轮上的钢管上，实现钢管平稳旋转并减少钢管在淬火过程中变形。

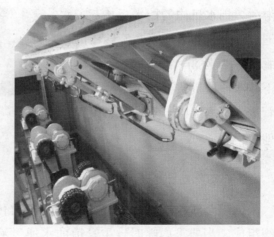

图4-31　内喷外淋旋转与压紧装置

压紧装置技术参数：

（1）压紧轮：4对；

（2）压紧压力：1~10MPa；

（3）压紧油缸直径：φ50mm；

（4）行程：250~400mm；

（5）压紧缸采用比例阀控制，可实现压力调节。

4.6.1.7　外淋、内喷装置

外淋、内喷装置是实现钢管"喷淋+旋转+内喷"热处理工艺的核心部件。钢管淬火质量的好坏不仅取决于钢管的旋转速度，更取决于向钢管内外表面喷射水的时间、喷射量及喷射水的速度，因此必须选择合理的工艺参数。整个装置由外淋装置、内喷装置、机架、挡水机构组成。

A 外淋装置

由流量计、压力传感器、一级管道、二级管道和喷射管等组成，通过调节一级管道与二级管道之间的手动闸阀，适应不同直径的钢管对外淋水量的需求。流量计装在一级管道上。一级管和二级管之间有多处连接，每个连接处装有手动闸阀，调节进入二级管的流量和压力。在二级管上装有压力表，尽可能使二级管内形成均压系统，使所有喷射管按设计流量喷出，满足钢管外淋工艺要求。当外淋时，挡水机构的挡水板抬起，水通过喷淋管均匀地喷在旋转中的钢管上，当外淋结束后，挡水板落下，水通过机架上的导水槽及排水管进入蓄水池中。外淋双层喷射管如图4-32所示。

图 4-32 外淋双层喷射管

B 内喷装置

内喷装置由电动蝶阀、流量计、压力传感器、内喷喷嘴、液动三通截止阀组成。当要求内喷时，主管道的水通过液动三通阀的一个出口进入需要淬火的钢管，淬火完成后，水通过液动三通阀的另一个出口进入回水管回到蓄水池中。

根据钢管的直径，随机提供 $\phi101.6$、$\phi107.95$、$\phi114.3$、$\phi127.0$、$\phi139.7$、$\phi152.4$、$\phi177.8$、$\phi193.7$ 规格的内喷喷嘴。喷嘴设计不同的偏心，以保证内喷喷水中心与钢管中心一致。

在内喷嘴的上方装有吹气喷嘴，连接到超快冷的储气罐上，进气管道上安装有电磁阀，控制喷嘴气体开关。内喷结束后，钢管内有大量残留水，待水淬后钢管进入辊道之前，用高压气体吹扫管内残留水，以便快速清除管内残留水。吹气喷嘴及内喷水喷嘴如图4-33所示。

在外淋装置的一级管道和内喷装置的主管道上均装有压力传感器、流量计、温度传感器，其测得的压力值、流量值、温度值反馈给PLC，再通过PLC将流量值、压力值显示在上位机上并进行存储。

图4-33 吹气喷嘴及内喷水喷嘴

C 机架

用于支撑外淋装置、内喷装置及挡水机构，并安装有压紧装置的驱动油缸和挡水机构的驱动油缸。

D 挡水机构

上料时为了防止外淋水飞溅在加热的钢管上，设有挡水机构，挡水机构由油缸驱动。同时机架上有导水槽。

4.6.1.8 热金属检测仪

在内喷外淋辊道外侧安装热金属检测仪，给辊道提供信号，通过辊道的变频控制钢管的运行速度和定位。

4.6.1.9 高温测温仪

在内喷外淋辊道外侧安装高温测温仪，以便测量钢管淬火前的温度，并将测得的温度反馈给PLC，通过上位机显示并存储记录。

4.6.1.10 低温测温仪

在机架的适当位置安装有低温测温仪，以测量钢管淬火后的温度，并将测得的温度反馈给 PLC，通过上位机显示并存储记录。

4.6.1.11　液压阀台

液压阀台主要实现对油缸的控制调节，每个油缸进出口均设置单向节流阀以调节油缸速度。

液压阀台技术参数：

（1）系统额定压力：16MPa；

（2）工作压力：12~14MPa；

（3）系统工作介质：YB-N46。

4.6.1.12　检修门和检修平台

在喷嘴一端的适当位置设计检修门和检修平台。检修门和检修平台采用钢板及型钢焊接而成，以方便钢管喷嘴。门安装在门框上，其尺寸为 1500mm×1000mm。

4.6.2　润滑控制系统

旋转装置支撑辊旋转速度高且工作环境恶劣，所以轴承的润滑显得非常重要，为此设计干油润滑系统，由电动润滑泵、分配器、管路等组成，其结构如图 4-34 所示。

电动润滑泵主要由柱塞泵、贮油器、换向阀（电磁换向阀或液压换向阀）、电动机等部分组成，如图 4-35 所示。柱塞泵在电动机的驱动下从贮油器吸入润滑脂，经泵加压后压送至换向阀，通过换向阀交替地沿两个出油口输送出去，当一个出油口压送油脂时，另一口与贮油器接通。终端式电动润滑泵配用电磁换向阀，有两个接口，外接两根供油主管。

电动润滑泵的技术参数：

（1）公称压力：20MPa；

（2）公称流量：60mL/min；

（3）贮油容积：20L；

（4）电机功率：0.37kW；

（5）减速机加油量：1L。

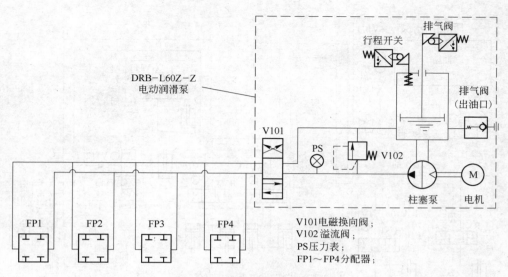

图 4-34 干油润滑系统结构简图

V101电磁换向阀；
V102溢流阀；
PS压力表；
FP1～FP4分配器；

图 4-35 电动润滑泵

4.7 液压系统

　　液压系统用于给连续线提供液压动力，主要是给上料、电阻炉开闭盖、炉体倾斜与复位、喷嘴框架升降、内喷外淋挡料、内喷外淋压紧轮升降、外淋挡水板升降、下料等提供动力。液压系统结构简图如图4-36所示。

　　主要由液压站（含油箱、泵组、循环冷却过滤装置）和站内外配管、控

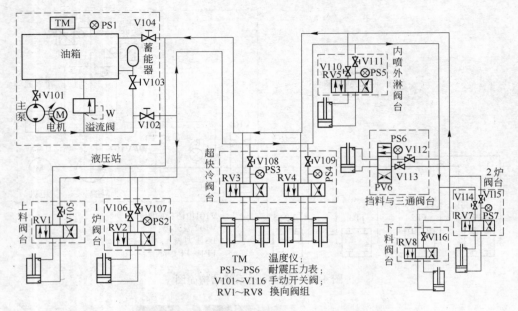

图 4-36 液压系统结构简图

制阀台、蓄能器单元、中间配管等组成。液压站各装置之间由站内配管相连；液压站和油缸之间由站外配管相连。

4.7.1 液压站组成

（1）油箱装置：系统油箱有效容积为 2000L，设有液位计、温度传感器、空气滤清器、回油过滤器、电加热器和放油阀等元件，用于储存油液。

（2）主泵装置：由恒压变量泵、电磁溢流阀、电动机等元件组成，用于向系统提供控制和驱动执行油缸动作的压力油。

（3）循环冷却过滤装置：由叶片泵、水过滤器、冷却器、电磁水阀等元件组成，用于对油箱的油液进行循环冷却过滤。

4.7.2 站内配管

根据液压系统原理图，把液压站内各装置连接起来，组成整个站内系统。

4.7.3 控制阀台

控制阀台是由液压控制阀组成的控制液压执行机构动作的单元。

4.7.4 蓄能器单元

蓄能器单元由蓄能器和蓄能器控制阀组构成，用于储存能量和吸收压力波动。

4.7.5 中间配管

中间配管指用于连接泵站到蓄能器组，泵站到阀台、阀台到机上管路之间的配管及其管路安装支架和接头等。

液压系统主要技术参数：

（1）油箱容量：2000L；

（2）工作压力：16MPa；

（3）工作介质：ISO VG 46；

（4）工作温度：20~55℃；

（5）恒压变量泵流量：180L/min；

（6）恒压变量泵电机：功率55kW，转速1500r/min；

（7）循环泵：压力2MPa，流量112L/min；

（8）循环泵电机：功率4kW，转速1500r/min；

（9）回油过滤精度：20μm；

（10）循环过滤精度：10μm；

（11）冷却器换热面积：$5.2m^2$。

4.8 连续热处理装置控制系统

4.8.1 控制系统结构

根据连续热处理装置的特点和控制要求，将连续热处理计算机控制系统设置为二级系统，其中一级为基础自动化系统，二级为过程控制系统，通信网络采用工业以太网（Industrial Ethernet）和PROFIBUS-DP现场总线。连续热处理计算机控制系统的结构如图4-37所示。

基础自动化控制系统采用SIEMENS公司S7-400PLC及远程I/O的结构，中频炉的基础控制集成到S7-300控制器上，1号、2号电阻炉的基础控制集

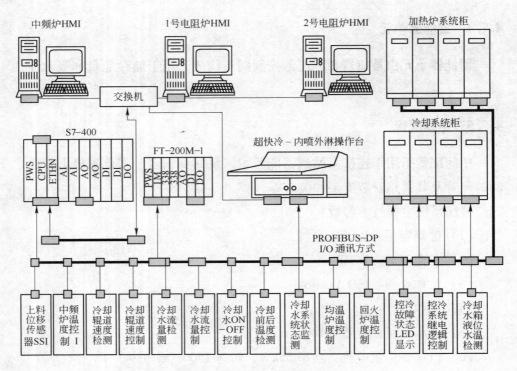

图 4-37　管材连续热处理计算机控制系统结构图

成到各自的 S7-200 控制器上，均通过交换机与主控制器 S7-400 相连；超快冷及内喷外淋的基础控制则直接连接到主控制器 S7-400 上。主控制器 S7-400 的 CPU-414-2DP，主站与从站之间通过 PROFIBUS-DP 现场总线进行快速数据通讯。控制系统主要完成液压位置控制、中频炉及电阻炉加热温度控制、水泵的频率控制及辊道系统、阀组流量及压力系统、冷却阀组等的逻辑控制等。二级的过程机通过工业以太网与基础自动化 PLC、HMI 计算机进行通讯。

4.8.2　软硬件配置

4.8.2.1　硬件配置

　　整个控制系统包括三个部分，第一部分为仪表 L0 部分，即现场的仪表、传感器、流量计、压力表、调节阀、红外测温仪、热金属检测器等。第二部分为基础自动化 L1 部分，即 PLC 主站、从站远程 I/O 部分，同时也包括主回路控制柜部分，如电源柜、水泵变频器柜、辊道电机变频调速柜、继电器柜、现场接线箱以及操作台等。同时还包括中频炉的电源柜、均温炉和回火炉的控制柜。第三部分为 L2 过程计算机部分，这部分主要包括交换机、人机界面 HMI 计算机（主监控计算机）、各过程计算机。

控制系统的工作过程如下，操作人员将加热制度曲线参数、冷却（控冷和淬火）工艺规程通过 HMI，经过工业以太网传到基础自动化部分。基础自动化部分的 CPU 根据工艺参数计算出整个控制过程的曲线，即每个控制周期的设定值，当操作者按下程序运行按钮时，控制系统将当前的设定参数与传感器检测到的数据比较，再通过控制模型的算法，计算出最优的数值并将其转换为物理量输出，控制相应的执行机构，从而达到预期的控制结果。

控制系统硬件配置见图 4-38。

4.8.2.2 跟踪测温系统

为了实现 ADCOS-TB 冷却过程的自动控制并提高控制精度，布置冷却线检测仪表如图 4-39 所示。冷热金属检测器用于确定钢管的位置从而进行钢管跟踪，并启动控制冷却的各种控制功能。配置为金属检测器共计有 14 个，分为 3 类：CH1～CH8：冷热金属检测器；H1～H4：OFH 光导纤维热金属检测器；H5～H6：HMD 热金属检测器。在整个试验线上设置 9 台红外测温仪（T1～T9），用于检测钢管在不同工艺段的温度。

4.8.2.3 软件配置

（1）L1 级软件：

Step 7 编程软件

（2）L2 级软件：

1）通用软件：

操作系统：Win XP Professional Version、Windows 2008 Server Enterprise Version、WinCC 7.0；

数据库：SQL Server。

2）应用软件（RAL 开发）：

图形监控软件（WinCC）；

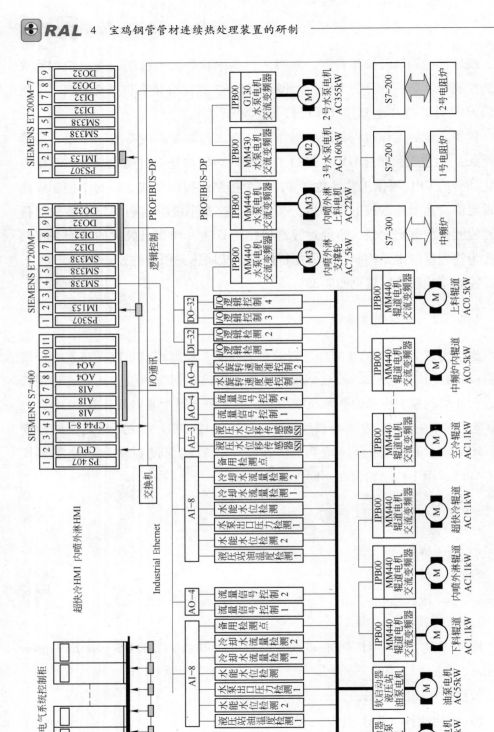

图4-38 控制系统硬件配置结构图

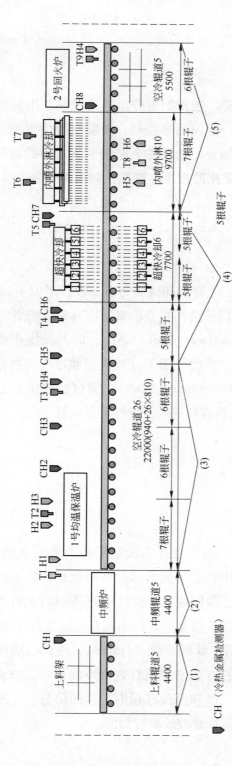

图 4-39　连续线温度检测及位置跟踪仪表配置简图

CH（冷热金属检测器）

H（热金属检测器）

T（红外线测温仪）

T（红外线测温仪，高温型）

CH1～CH8：常州潞城 LOS-R2-4Z1

H1～H4：常州潞城 OFH-AIC3-4ZC1-L 300～1400℃

H5、H6：常州潞城 HMD5-4ZC1 550～1400℃

T1、T8：雷泰 MRISASF 600～1400℃

T6、T7：雷泰 MML T -40～800℃

T2、T3、T4、T5、T9：德国 Impac IPE140 系列 50～1200℃

应用软件。

4.8.3 控制系统功能

热处理实验线控制系统的任务，包括辊道分组速度控制、中频炉及电阻炉温度控制、冷却水流量、压力、液位闭环控制、喷嘴框架位置控制、液压站控制、阀门组数字逻辑控制等部分，以及各个控制系统之间的通讯、过程计算的模型设定计算、HMI 实时数据监控及存储等，如图 4-40 所示。

4.8.4 人机界面和数据库

4.8.4.1 人机界面

根据管材连续热处理装置的工艺要求和试验特点，设计了以 WinCC 为软件平台的人机界面。WinCC 是西门子公司提供的基于 Windows 操作系统的强大的人机接口（Human Machine Interface，HMI）系统，即人（操作员）和机器（过程）之间互动的界面系统，广泛应用于过程通信和过程可视化。西门子公司的 SIMATIC WinCC（Windows Control Center）视窗控制中心是第一个使用 32 位技术的过程监视系统，具有良好的开放性和灵活性。

人机界面如图 4-41 所示。

4.8.4.2 数据存储与打印报表

A　开发平台

在对钢管进行热处理试验时，用户会预先设定不同参数值来进行试验，之后在管材热处理工艺试验过程中也会得到大量的实验数据。为了使用户在试验后方便查看和使用这些数据，我们通过上位机中的 WinCC 软件界面平台来连接访问 Microsoft SQL Server 2005 数据库，以实现对数据进行存储和管理。

SQL Server 是一个关系型数据库管理系统（DBMS），用户或应用程序通过 SQL Server 提供的访问数据库的方法来实现对数据库的建立、查询、更新及各种数据控制，从而达到处理生产和实践过程中产生的信息，实现生产过程管理的自动化和信息化，提高信息管理效率的目的。

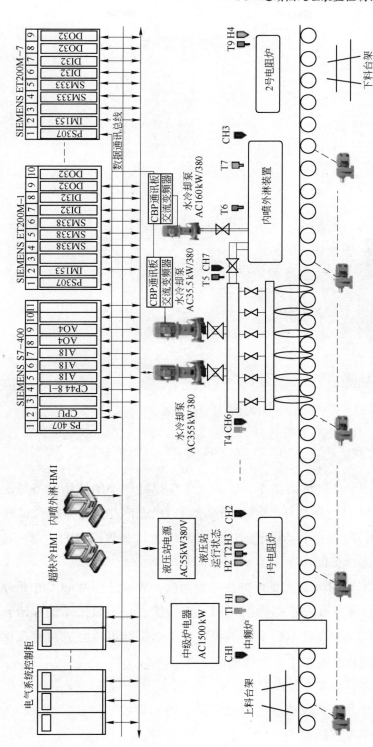

图4-40 控制系统的任务分配简图

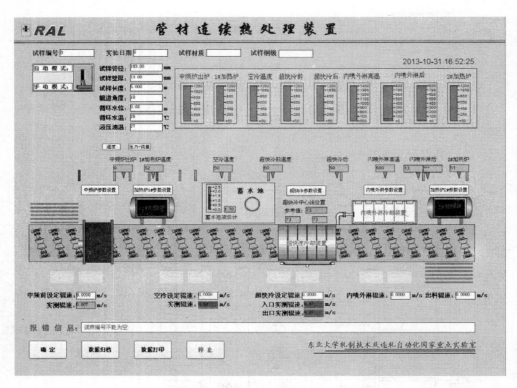

图 4-41   主监控画面

B   数据存储

首先建立一个热处理数据库，根据工件在热处理中的使用设备情况建立几个数据表，用于记录试样在不同设备运行状况下的设备参数和试样参数（如温度、时间等）。将手动设定的试验时间作为每张数据表的主键，这样可以实现多表的连接查询功能。

通过 WinCC 软件建立数据库的使用界面。本界面使用 WinCC 中最新的数据库连接工具包来实现对数据库的访问。它的优点是将数据库编程语言集成在各个功能模块，编程者不必十分了解数据库语言就可以完成对数据库的基本操作，而且编程环境也十分方便简洁。

数据库界面具有如下特点：

（1）可以使用户方便查看所有完成试验的实验数据和设定参数，为试验进行提供有利参考数据。

（2）用户可以在界面选择输入查询条件及查询范围，就可以得到满足条件的数据表格，还可以对某些可修改的参数进行更正，以及对整条试验记录的删除。

（3）用户可以对查询到的数据进行保存到指定位置的 EXCEL 电子表格中生成数据报表，随时为用户方便提取数据。

实验完成后，进行实验数据的归档处理，以备用户日后查询。其归档界面如图 4-42 所示。

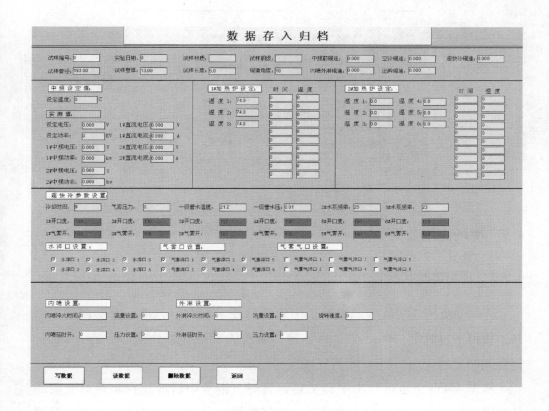

图 4-42 数据归档界面

C 打印报表

该功能用于对实验数据的归总，并以电子报表的形式储存起来，界面如图 4-43 所示。打印的电子报表如图 4-44 所示。

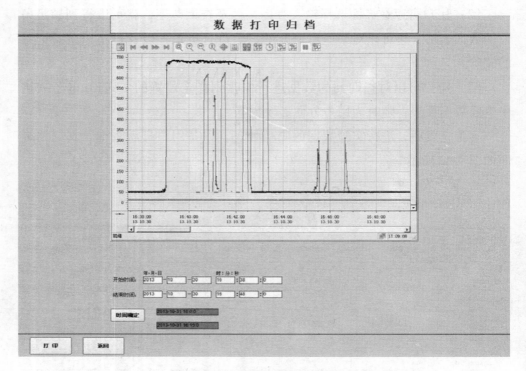

图 4-43 数据库打印界面

4.9 现场应用效果

4.9.1 现场试验状况

连续热处理装置在宝鸡钢管厂国家管材技术研究中心热处理平台运行以来，获得了良好的应用效果。热处理后钢管表面氧化铁皮较少，冷却均匀，钢管无明显的弯曲，图 4-45 为现场实验场景。

从图 4-45a 中可以看出中频加热钢管时，钢管中后段还在加热时，前端已出感应加热器，并出现大的温降（端部变黑），说明了设置 1 号均温保温炉的必要性，以将中频加热后的钢管均温，减小钢管温度不均匀性对热处理后钢管组织性能的影响。图 4-45b 为钢管出炉时的场景，可以看出整根钢管温度通透，无明显温差。图 4-45c 为热钢管进入超快冷系统前画面，钢管表面只产生少量的氧化铁皮，在钢管进入超快冷前，环形斜缝喷嘴已形成环形水孔，且水孔直径小于钢管外径，钢管通过时可对钢管表面进行均匀冷却。在

管材连续热处理装置

试样编号	实验日期	试样材质	试样钢级	试样管级	试样壁厚	试样长度	辊道角度
0	0			193	13	5	10

中频前辊速	空冷辊速	超快冷辊速	内喷外淋辊速	出料辊速	2号水泵频率	3号水泵频率
0	0	0	0	0	25	23

水淬口1	水淬口2	水淬口3	水淬口4	水淬口5	水淬口6	水调节1	水调节2	水调节3	水调节4	水调节5	水调节6
1	1	1	1	1	1	100	100	100	100	100	100

气雾1	气雾2	气雾3	气雾4	气雾5	气雾6	气调节1	气调节2	气调节3	气调节4	气调节5	气调节6
1	1	1	1	1	1	100	100	100	100	100	100

气雾气1	气雾气2	气雾气3	气雾气4	气雾气5	气雾气6	1号炉温度1	1号炉温度2	1号炉温度3
0	0	0	0	0	0	74	75	75

冷却时间：8.6　　　5

温度曲线：

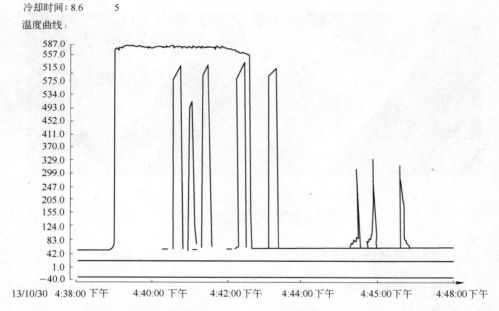

2013-10-31 17:14:50　　　　　　　　　　　　　　　　　　　　　　1/2

Layout: BT02_CHS.RPL　　　　　　　\\4IG0RXUCWZXNLWO\WinCC_Project_bt_1\bt.mcp

图 4-44　打印报表界面

末端钢管进入超快冷系统前（图 4-45d），管端仍无明显温差，说明超快冷过程中，整根钢管温度是均匀的，保证了冷后钢管的均匀性。超快冷后的钢管，表面会出现一定的回温现象即返红，直至钢管整体温度均匀为止。

图 4-45　连续热处理线现场实验场景

4.9.2　超快冷系统的冷却能力

　　超快冷实验时，根据加热钢管的温度及超快冷冷却前后的温度，来设定超快冷工艺参数，如超快冷辊道速度（决定超快冷时间）、2 号变频水泵的频率（决定一级管水压及总水流量）、阀门组逻辑控制（开启阀门的个数以及阀门开口度大小）。通过对不同规格钢管进行的超快冷实验，得出了表 4-3 所示的冷却速度数据。试验时，钢管长度均为 5m，变频水泵的频率为 48Hz，一级管压力为 0.6MPa，超快冷用水流量为 1456m³/h，6 组喷嘴单元全开且开口度达到 100%。表面冷却速度为钢管进出超快冷设备前后，依据超快冷前、后温度计算出的冷却速度；整体冷却速率为钢管返红后依据超快冷前温度和返红后温度计算出的冷却速度。

表 4-3　不同规格钢管超快冷冷却效果

规格/mm	超快冷前温度/℃	超快冷后温度/℃	返红后温度/℃	超快冷时间/s	表面冷却速度/℃·s⁻¹	整体冷却速度/℃·s⁻¹
$\phi 114 \times 8$	900	100	85	12	66.7	66.7
$\phi 139.7 \times 10.54$	940	640	720	7.5	40	29.3
$\phi 153.7 \times 14$	870	420	550	7.5	60	42.7
$\phi 177.8 \times 10.36$	900	250	160	10	65	65
$\phi 193.7 \times 15$	935	470	575	12	38.8	30
$\phi 219 \times 12$	900	450	520	12	37.5	31.7

目前，现场钢管的冷却（如正火时的冷却）多采用在冷床上进行的"风冷"方式，通过加快空气对流速度，提高钢管与空气的换热效率，对钢管进行冷却，这种冷却方式冷却能力有限，通常冷速不超过 5℃/s，对厚壁管冷速更低，对组织及性能的改善程度有限。由表 4-3 可知，对不同规格的钢管，超快冷冷速均≥30℃/s，并且在这些冷速范围内，可重新设定辊速、冷却水流量、压力、阀组的开闭来调整冷速，这样就可以在一定程度上根据钢管冷却后的组织性能要求控制钢管在超快冷上的冷却温度、冷却时间（控制冷却），改善现场风冷冷速低、对组织及性能的改善程度有限的现状。

不同规格钢管超快冷实验时冷却温度曲线如图 4-46～图 4-51 所示（曲线 1、2、3 分别为超快冷前检测到的钢管表面温度曲线、超快冷后检测到的钢管表面温度曲线、返红后钢管表面温度曲线）。

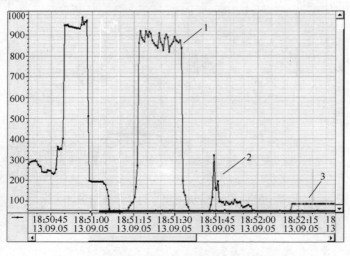

图 4-46　ϕ114mm×8mm 钢管超快冷实验温度曲线

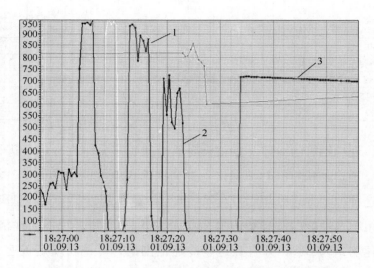

图 4-47 φ139.7mm×10.54mm 钢管超快冷实验温度曲线

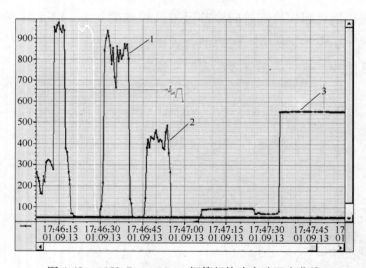

图 4-48 φ153.7mm×14mm 钢管超快冷实验温度曲线

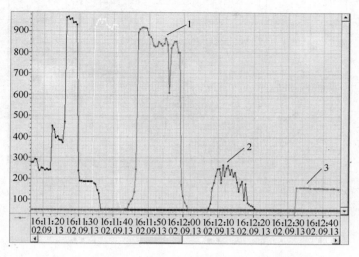

图 4-49 φ177.8mm×10.36mm 钢管超快冷实验温度曲线

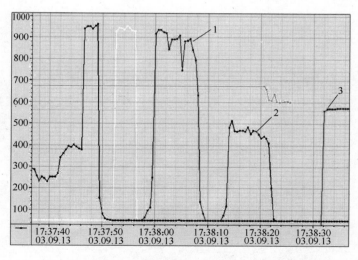

图 4-50 φ193.7mm×15mm 钢管超快冷实验温度曲线

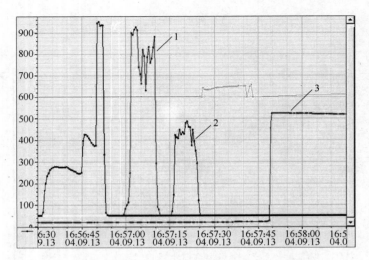

图 4-51 φ219mm×12mm 钢管超快冷实验温度曲线

5 利用超快冷技术开发 DP 钢管的工艺研究

近些年，随着汽车轻量化技术的不断推广，管材内高压成型技术越来越多地被应用到汽车制造领域，如汽车的保险杠、引擎（副）支架、散热器、排气管、车架滑轨等，自行车的车架、水龙头以及阀制品等，且市场需求越来越大、产品精度越来越高。内高压成型工艺可以用来制造强度高质量轻的中空零件，利用这些高强度的空心零件代替实心零件，在不降低汽车安全性的同时能显著降低汽车的车身重量。目前，在西方发达国家，利用内高压成型技术制造的汽车零件已经成功应用到了宝马、奔驰等著名品牌汽车生产制造上。但是由于目前使用的材料强度普遍较低，而高强度材料的内高压成型性能往往较差，因此内高压成型件在各制造领域大面积推广受到了一定的限制。为了扩大内高压成型件的应用范围，同时具有高强度和高塑性的新型材料及对应的内高压成型工艺的研究开发已迫在眉睫。

DP 钢是一种综合性能良好的低合金高强度钢，它的显微组织主要由铁素体和马氏体两相组成。由于 DP 钢具有良好的塑性和强度匹配，具有屈服点低、初始加工硬化速率高、较高的碰撞能量吸收能力以及强度和延性匹配好等优点，已成为一种强度高、冲压成型性能好的新型冲压用钢，广泛应用在汽车工业[31~33]，一般应用于高强度、高抗碰撞吸收能且有一定成型要求的汽车零件，如车轮、保险杠、悬挂系统及其加强件等。汽车采用 DP 钢可减轻构件质量约 20%~30%，符合汽车材料轻量化、高性能、安全及节能的发展主题。在 ULSAB-AVC 计划中，双相钢占整个车身结构的 74%左右，其中抗拉强度为 800MPa 和 1000MPa 的 DP 钢用量较大，分别约占车身重量的 22%和 30%[42]。

鉴于目前 DP 钢在板带钢中已得到大量应用而对 DP 钢管的研究却较少的现状，在本研究中，对热轧 Q345B 无缝钢管的化学成分、制造工艺进行了有益的探讨，利用中频感应加热+超快冷淬火的工艺，成功地研制开发出厚壁

DP 无缝钢管。同时又将冷拔薄壁 Q345 管经热处理开发成 DP 无缝管的生产工艺进行研究，成功试制出以 Q345 管为原料的 DP 钢管，对试制的 DP 钢管组织及力学性能进行了分析，以试图将 DP 钢生产技术率先应用于无缝钢管的工业生产。

5.1 开发 DP 钢管热处理工艺及设备简介

从热处理过程的连续化、自动化及热处理后钢管表面质量良好且无严重氧化铁皮的角度考虑，采用中频感应加热的方式对钢管进行连续热处理是最好的选择。中频感应加热处理后的产品质量很好、控制精度高、设备投资小、生产成本低、劳动条件好、节能环保、设备维护简单，是一项值得推广的技术[34]。此外，感应加热处理后试件表面的氧化铁皮很少且致密，很少的氧化铁皮说明此工艺能够有效地降低材料的损耗，致密的氧化层则可以作为防护层，以防止试件继续受到氧化。

RAL 实验室利用 Q345 无缝钢管开发 DP 钢管所采用的试验装置为实验室自行设计的装置（图 5-1），可以实现对外径小于 50mm 钢管进行退火、正火、淬火、回火等热处理试验。设计本装置的目的是实现钢管的在线连续热处理，可用于常规钢管的细晶或超细晶处理及生产出具有优良性能的 DP 钢管和 TRIP 钢管，并使其应用于工业生产。图 5-1 为热处理装置设计简图。

本实验设备采用卧式装置，1 号和 2 号线圈以并联的方式共用一台中频电源、3 号线圈单独使用一台中频电源，冷却段为具有超快速冷却能力的冷却箱，能够以水冷、气冷和水雾冷方式对钢管进行控制冷却（环向冷却），可参考冷却路径选择所需冷却方式。考虑到线圈感应加热的影响因素，两相邻托辊的距离应该尽可能大。如果辊距太小的话，线圈会将辊体加热，辐射损耗大、加热效率降低。

在实验过程中，为了使试验料快速向前移动而不产生打滑，将托辊进行压痕处理，以增大摩擦力。为了使材料能均匀受热，采用的托辊为双锥体托辊，且托辊与试件的运行方向呈一定的角度接触，这样，在托辊的运行过程中，管件也将进行径向转动。径向转动的试样在向前运动的过程中，可以使其受热和冷却更加均匀。

RAL 实验室利用 Q345 无缝钢管临界区淬火+回火处理的在线热处理工

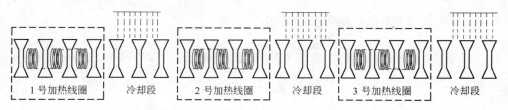

| 1号加热线圈 | 冷却段 | 2号加热线圈 | 冷却段 | 3号加热线圈 | 冷却段 |

图 5-1 RAL 实验室中频感应热处理设备

艺，开发出双相组织钢管，其方法是：将试样在 2 号线圈内加热至临界区温度，等温一定的时间（通过控制电源的功率来控制试件的加热温度，通过控制辊道的转动速度来控制加热时间），然后在 2 号冷却段以大于发生奥氏体向马氏体转变的临界冷却速度进行快速冷却，使基体中的奥氏体转变为马氏体，3 号感应线圈可用作回火处理（消除或降低淬火过程中产生的残余内应力），回火之后可以采用空冷或者利用 3 号冷却段装置进行快速冷却，经此工艺处理的试样基体为双相组织，具体情况将在随后各节进行分析。还可以利用中频感应加热装置的特点，对试样进行循环奥氏体化+淬火处理，基体中可能得到超细晶的马氏体组织，将此循环处理的试样按照上述工艺进行处理，可以得到初始组织为全马氏体的超细晶双相钢管，本工艺也将在随后的段落里进行分析。

5.2 利用热轧 Q345 无缝钢管开发 DP 钢管的热处理工艺探讨

步进式加热炉是将钢管进行整体加热，与传统的步进式加热炉不同，感应加热处理过程中，钢管将会随着托辊的运行以纵向移动、周向旋转的方式逐次进入感应加热炉，因而是顺序加热，淬火和回火过程与加热程序一致。

5.2.1　热轧 Q345 无缝钢管的初始组织

本实验采用的原料为热轧 Q345B 无缝钢管，其壁厚为 3.5mm，外径 42mm。实测化学成分（质量百分比,%）为：C 0.16，Si 0.31，Mn 1.36，Nb 0.042，V 0.09，P 0.009，S 0.001。

图 5-2a 为热轧 Q345 钢的初始金相显微组织，其中灰白色部分为铁素体组织，灰黑色部分为珠光体组织。图 5-2b 为基体组织的透射电子显微像，其中 P 为珠光体组织，F 为铁素体组织。由上图可以看出，热轧 Q345 无缝钢管的基体是由多边形铁素体和片状珠光体组成，沿晶界分布有少量的渗碳体组织，呈岛状或链状的珠光体组织主要沿铁素体晶界分布。

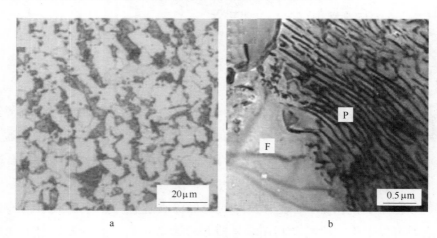

a 　　　　　　　　　　 b

图 5-2　热轧 Q345 钢管的金相及透射电子显微像

5.2.2　热轧 Q345 钢管热处理为 DP 钢管的显微组织

5.2.2.1　30℃/s 加热速率对热轧 Q345 无缝钢管组织的影响

由于炉体很短，致使试样在炉内的停留时间较短，为了保证加热的均匀性，试样随托辊运行的速度较慢，试样的加热速率大约在 33℃/s。从理论上来说[35]，真实临界点对于特定合金在任何加热速度下都应该是不变的，就是状态图上所标定的相平衡温度。加热温度稍高于平衡温度，就会立即产生高温奥氏体相，并不需要"等待"第一个奥氏体出现的"孕育期"，通常所测出的孕育期，实际上是达到一定转变量所要经过的时间。

表 5-1 为加热速率为 30℃/s 时不同条件下实测的工艺参数，图 5-3 为感应热处理后试样的金相组织。

表 5-1 加热速率为 30℃/s 时的实测工艺参数

试样号	加热温度/℃	均热时间/s	冷却模式	冷后温度/℃	回火温度/℃	回火时间/s
A1	733	24	水淬	19	343	18
A2	759	24	水淬	20	306	18
A3	775	24	水淬	22	282	18
A4	782	24	水淬	20	299	18
A5	814	24	水淬	23	331	18
A6	860	24	水淬	24	294	18

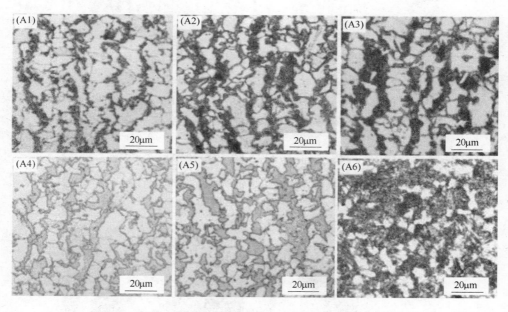

图 5-3 不同加热温度下加热速率为 33℃/s 时试样的金相组织

由图 5-3 可见，在加热温度低于 782℃时，因加热温度较低，均热时间过短，基体内的组织还未来得及长大即完成了加热过程，大部分珠光体甚至没有发生转变，这是典型的退火不充分的表现。此时的晶粒几乎还处于初始尺寸大小，即为较粗大晶粒的状态。此种晶粒组织的材料强度较低，且塑性能力也相对较弱。在加热温度达到 860℃时，基体组织中出现大量的第二相组织，且因为退火温度高，奥氏体相在退火过程中的碳含量较低，其不稳定性增加，在随后的快冷过程中会产生复杂的第二相组织。试样在 782℃ 和 814℃ 退火时，得到的基体组织较均匀，且基体中仅有铁素体和马氏体相存在。

图 5-4 示出了加热温度分别为 733℃、782℃、814℃ 和 860℃ 的试样的透射电子显微像。从图 5-4a 中，我们可以清晰地看出，当加热温度低于两相区时，由于珠光体未发生相变，最终得到的组织依然由铁素体和珠光体组成。当加热温度在两相区时，最终的组织只有铁素体和马氏体两相，如图 5-4b 和 c 所示，这两个图中，板条组织为马氏体，非板条组织全为铁素体。

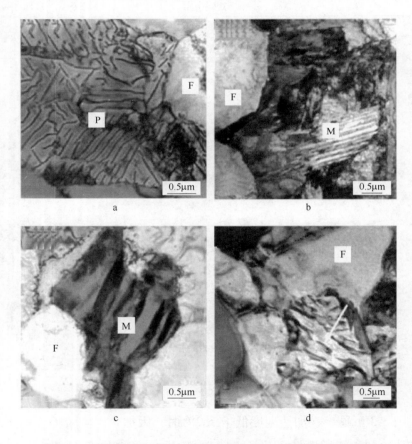

图 5-4 不同加热温度下加热速度为 33℃/s 时试样的 TEM 图

a—733℃；b—782℃；c—814℃；d—860℃

当加热温度高过临界区时，基体中就会出现其他相，图 5-4d 中箭头所指为以前的原富碳奥氏体区在冷却的过程中逐渐分解为铁素体和碳化物，以上四种条件下的组织表明，中频感应退火完全能达到连续退火的功能，并且它有分段退火不可取代的优点，即高效、节能并且污染小。

由此可知，当加热温度低于 760℃ 时，基体中仍存在大量的珠光体且具有明显的带状组织，基体缺陷较多；当退火温度达到 820℃ 及以上时，冷却后基体内的马氏体体积明显增大且含量明显增多，并产生了不利于材料性能的其他第二相组织。在退火温度位于 780～800℃ 之间时，可以得到最佳的强度塑性配比。

为了充分完成珠光体的转变，保证组织的均匀性，应提高加热温度和增加均热时间；为了获得较细小的晶粒组织，应提高加热速率和减小均热时间。上述观点在工艺上存在着矛盾，解决此问题的方法是以很快的加热速度将试样加热到较高的温度，保温较短的时间，然后淬火后回火处理。此外，在实际操作过程中，钢管是逐个顺序加热，由于钢管的头部和尾部在感应线圈内加热时所受的功率分配不均，导致钢管的头部和尾部受热程度与钢管其他部位相差较大，从直观上即可看出差别。所以，在工业生产中，为保证首、尾受热的均匀性，应首先保证上料的连续性，尽量使钢管在经过感应加热线圈时首尾相连，以保证整个管件受热的均匀性。

5.2.2.2 600℃/s 加热速度对热轧 Q345 无缝钢管组织的影响

上节中的加热速度大约为 33℃/s，为了提高加热速度，我们对 1 号感应加热炉的线圈进行了调整，调整后的感应加热速度可达到 600℃/s 以上。较大的加热速度使试样几乎失去了预热过程，试样在很短的时间即达到了预定的临界区温度。由于均热时间过短，基体内的组织还未来得及长大即完成了加热过程，此时的晶粒几乎还处于初始尺寸大小，即为很细小的晶粒状态。此种晶粒组织的材料强度较高，但塑性变形能力相对较弱。为了增加均热时间，对炉子的长度也进行了调整，即增加了炉长，进而增加了钢管在炉内的运行时间，也相当于增加了均热时间。

调整中频电源的功率，控制钢管在约 0.033m/s 的速度下运行。设定钢管的临界区加热温度为 810℃，均热时间为 20s；临界区处理后的快速冷却方式为水淬，随后进行回火处理，回火温度和回火时间分别为 300℃、18s；回火处理之后为自然冷却。将此相同的工艺重复 5 次。实测的临界区加热温度、回火温度见表 5-2。

表 5-2 加热速度为 600℃/s 时的实测工艺参数

试样号	加热温度/℃	均热时间/s	冷却模式	冷后温度/℃	回火温度/℃	回火时间/s
B1	816	20	水淬	17	297	18
B2	809	20	水淬	20	325	18
B3	825	20	水淬	19	308	18
B4	832	20	水淬	24	336	18
B5	804	20	水淬	19	283	18

通常相变过程包括形核和长大两个阶段，高加热速度增大了过热度，进而加大了相间的自由能差，加快了扩散速度，使试样在很短的时间内即完成了相转变，大大缩短了工艺时间。但采用高加热速度对试样进行加热处理时，相变温度也相应地有所提高，所以在感应加热时应采用较高的加热温度。

钢管在步进式加热炉内进行退火时，为了使钢管受热均匀，需要充足的均热时间以保证碳原子的充分扩散、珠光体的完全溶解以及基体内其他各相组织的均匀分布。而在钢管进行感应加热处理时，较快的加热速度以及很短的均热时间，使得试样经过感应加热炉时很短的时间即达到临界区温度，且在实际的感应加热过程中几乎不存在均热时间，仅是在感应线圈后的一小段炉长内提供了一定的距离，使试样保持恒定的温度并在炉内运行过程中得以短时的均热。此时基体中的大量未溶碳化物阻碍了奥氏体晶粒的长大，所以在感应加热进行临界区处理时，所得的铁素体晶粒与初始组织相差不大，碳在奥氏体中的分布可能也不均匀，其稳定性也因此较差，淬透性降低。在实际的热处理过程中，应适当提高加热温度或均热时间，以保证相变和原子扩散的顺利进行。

感应热处理的加热速度很快，试样在很短的时间即达到临界区温度。由于基体组织中的碳含量较高，珠光体向奥氏体晶粒长大的速率较高，形核率增大，在随后的淬火处理过程中得到的马氏体晶粒也相对较小，且比较均匀地分布于基体内部。图 5-5 为试样经 600℃/s 加热速度加热后热处理的金相组织，图中白色部分为铁素体，灰色部分为马氏体组织。

过快的加热速度可以使晶粒细化，但也使得基体由于其遗传性的作用在一定程度上保持了其原有特征。很高的加热速度仅使试样发生晶粒细化及相转变，改善了材料性能，基体的平均晶粒尺寸约为 4.374μm。

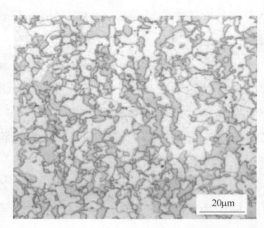

图 5-5　以 600℃/s 的加热速度将试样加热至 806℃时试样的金相组织

通常情况下，中频感应加热淬火之后的零件采用电阻炉进行整体回火。回火的目的是为了减少淬火后试件内的残留应力，避免产生淬火裂纹，并降低其脆性。采用电阻炉回火虽然能得到良好的回火性能，但其能耗大且回火周期较长。考虑到本实验装置工艺速度较快、感应回火时间很短的特点，采用感应加热的方式对试样进行在线回火，并选择较长的回火炉长度来补偿回火时间的不足。

钢管在辊道上前进时还伴随着周向旋转，且试样进入冷却箱时进行环向冷却，这就保证了试件加热和冷却的均匀性以及冷却后的平直度。此外，快速均匀的加热方式使得钢管内应力较小，在淬火后马上进行回火，进一步消除了残余内应力、降低了钢管发生开裂倾向的可能性，改善了钢管的性能。研究结果证明，尽管感应加热的时间很短，但组织转变却仍然是充分的。

5.2.3　循环热处理获得超细晶双相无缝钢管

由于中频感应热处理装置本身的特点，实现对试件的连续循环加热和快速冷却是简单可行的：首先，多次循环加热+超快冷淬火处理不会对试件表面造成过分的氧化和脱碳；其次，组织方面，以特定的加热速度对试件进行多次循环加热+超快冷淬火处理，试件基体内的组织将发生多次相变，从而使奥氏体淬火后得到的马氏体达到超细化的目的。晶粒的超细化是能够充分发挥材料强度和塑性潜能的重要手段之一，而循环感应热处理+超快冷淬火工艺获得超细晶组织是一种行之有效的方法。从理论上可以推断，将试件在连续数次的奥氏体化+超快冷淬火处理后进行临界区处理得到基体为超细晶组织的双相无缝钢管是可行的。将实验材料先进行数次循环奥氏体化+超快冷淬火处理，结合 5.2.2.2 节中研究的热处理参数，加热速度为 600℃/s，对淬火后基体为全马氏体组织的钢管进行临界区加热+回火处理，研究不同循环周期对其组织性能的影响。

在实验过程中采用的加热速度相同，试样在托辊上的运行速度相同，电源的功率和频率也相同，但是试样所经历的循环处理次数不同。实验中，对钢管所采用的循环次数分别为 1、2、3、4、5、6、7、8、9 和 10，对循环处理后的试样分别进行临界区加热+超快冷淬火后回火处理，然后分别对其组织进行比较分析。

图 5-6 给出了经 1、2、3、5、8、10 次循环处理后试样的金相组织，并依次标记为 C1、C2、C3、C4、C5 和 C6。图 5-6 中，白色部分为铁素体组织，灰黑色或黑色部分为马氏体。从图中可以看出，随着循环热处理次数的增多，基体内的铁素体含量逐渐减少，马氏体含量不断增加。铁素体含量很小的可能原因是由于在临界区加热处理的时间不足造成的。经多次循环加热+淬火处理的钢管，由于加热速度很快，且加热后马上进行淬火处理，基体中将得到很细小的马氏体组织。在随后的临界区感应热处理后，其基体内晶粒的平均尺寸随循环次数的增加而降低，循环次数超过 3 次之后，晶粒虽然还在细化，但细化程度降低。

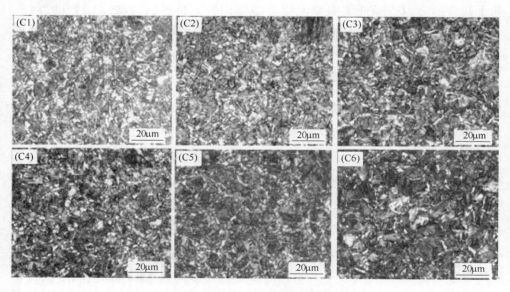

图 5-6 试样经不同次数循环热处理后的金相组织

图 5-7 给出了经 1、2、3、5 和 8 次循环处理后试样的透射电子显微像及

经 8 次循环处理后的选区电子衍射花样，其衍衬像为同一放大倍数。由于每次循环处理后只经过了短暂的临界区处理，导致其衍衬像大部分为板条马氏体，只有极少量的铁素体，如图 5-7a 中的箭头所示，所以在分析其衍衬像时，我们只讨论马氏体的变化情况。图 5-7f 是电子束沿图 5-7e 中马氏体 [111] 晶带轴入射得到的选区电子衍射花样，呈体心立方结构。其实严格来说，马氏体是体心四方结构，但是在低碳钢中由于间隙碳原子导致 c 轴伸长所对应的常规电子衍射花样和体心立方的衍射花样在沿 [111] 轴入射时没有明显差别，1 至 5 次循环处理后的马氏体如果沿 [111] 轴入射，衍射花样和图 5-7f 的一样。

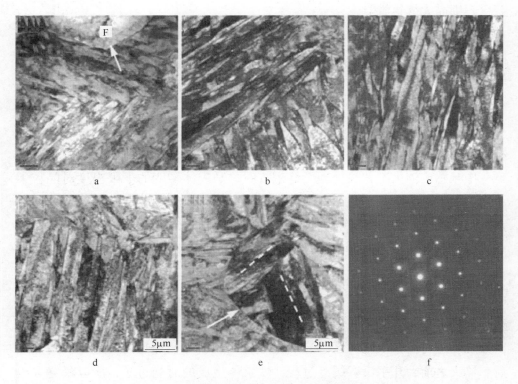

图 5-7　试样经不同次数循环热处理后的 TEM 图

从图 5-7 中可以看出马氏体为经典板条状，且板条内部有高密度位错。1 至 5 次循环处理后的板条没多大差别，但是经 8 次循环处理后，再观察其衍衬像时，会发现整个视场中有很多诸如图 5-7e 中箭头所指的原奥氏体晶界很清晰的马氏体板条束，由于在同一个放大倍数下，能在透射电镜下看见如此细小的组织结构，充分说明多次循环处理对晶粒有明显的细化作用，图 5-7e 中箭头所指原奥氏体的晶粒只有 $3\mu m$ 左右。在图 5-7e 中会发现原奥氏体晶粒内部的板条束中的板条按不同方向分布，如图 5-7e 中的虚线所示。这种板条束的边界几乎都是大角度晶界[36]，能阻碍滑移变形和裂纹扩展，并且对强韧性也有一定的影响，因此板条束的大小就是有效的晶粒尺寸。考虑这一点，说明中频感应淬火循环处理对钢管晶粒的细化作用是相当显著的。前五次循环处理后的试样没有发现这种细小组织并不是说前五次处理后没有细化作用，而是因为透射电镜放大倍数很大，即使有细化作用，如果晶粒不是特别小的话，很难在衍衬像中呈现出来。所以中频感应淬火经多次循环处理完全可以获得超细晶无缝钢管。

钢管在经过一次相变热处理之后，马氏体通过相变冷作硬化，所增加的高密度位错遗传给逆转变奥氏体[37]，为再结晶提供了储存能，增加了再结晶驱动力，形核率也跟着增加，使得逆转变奥氏体初步细化。随着组织的细化和位错密度的升高及中频感应相变热处理次数的增加，相变再结晶也不断地增加，使得最终形成的奥氏体的晶粒尺寸不断地减小，从而导致最终得到细小的马氏体组织，如图 5-7e 箭头所示。

中频感应淬火工艺热处理无缝钢管时，马氏体转变的下限温度对晶粒大小有着很大的影响，下限温度过高时，过冷度减小，相变驱动力减小，使得形成马氏体的同时会形成一部分残余奥氏体，而且马氏体中的位错密度会下降，导致下一次相变生成奥氏体的驱动力减小，影响逆转变奥氏体再结晶。因此本实验在中频感应淬火循环热处理细化晶粒时，为获得细小晶粒，每次的冷却过程都采用水淬，以保证奥氏体向马氏体转变时能冷却到室温。因为每一次相变热处理的最高温度都在临界区温度以上，只是在完成规定的循环次数之后进行了一次临界区感应热处理，并且临界区均热时间过短，均热之后、淬火之前，几乎没有缓冷过程，铁素体生成的时间过短，所以最终导致超细晶无缝钢管中的铁素体含量很少。马氏体相的细化以及铁素体含量的不断降低，将导致材料的屈服强度不断升高，但塑性将更加恶化。由于巨大的淬火内应力的影响，有时候淬火后的钢管会发生严重的弯曲变形而报废。

虽然经循环奥氏体化+超快冷淬火处理的试样在临界区热处理后仅得到铁素体含量很少而屈服强度很高但塑性很差的超细晶无缝钢管，其结果却验证了循环热处理可以获得细小的晶粒组织。为了改善塑性等综合性能，根据本研究规律，对循环热处理的均热温度进行了优化，即试样仅在临界区温度范围内进行循环处理。本次循环热处理选用的临界区热处理温度为 800℃，试样分别经 1 至 8 次循环处理。试样经临界区加热+超快冷淬火循环处理后的显微组织见图 5-8。

图 5-8 中，D1～D8 分别为循环处理 1～8 次的金相图片。图中白色的组织为铁素体，灰黑色组织为马氏体。通过观察可以发现，随着循环处理次数的增加，铁素体和奥氏体的晶粒尺寸都在逐渐地减小，而且循环处理的次数越多，晶粒细化的也就越均匀。

仔细观察图 5-8 的金相组织可以发现，在有些铁素体晶粒的内部或边缘分布着许多小黑点，如图内圈中，通过观察其透射电子显微像发现这些小黑点是更为细小的板条马氏体，如图 5-9 所示。

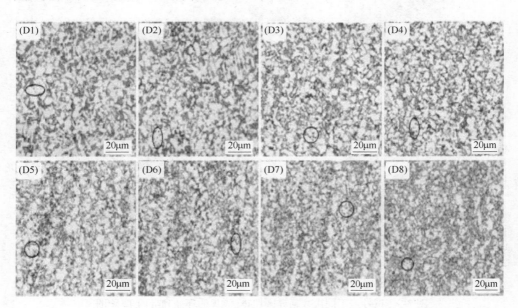

图 5-8　试样经不同次数临界区加热+淬火循环处理后的金相组织

图 5-9 示出了经 1、2、3、5、6 和 8 次临界区循环处理后试样的透射电子显微像。为了比较晶粒尺寸，衍衬像为同一放大倍数。图中标有白色 M 字体的即是图 5-8 中铁素体内的小黑点，仔细观察会发现里面有清晰的板条组织，可以断定其为马氏体。从图 5-9a～f 可见，观察区域内的铁素体晶粒数目

不断增加，充分说明随着临界区循环热处理次数的增加，铁素体相的再结晶过程循环进行，铁素体晶粒被不断地细化，图5-9f中有些小的铁素体晶粒尺寸甚至达到1μm左右。临界区循环热处理后的试样中铁素体的含量相当可观，马氏体的细化程度不断增大，而且马氏体晶粒的细化情况和图5-7具有相同的规律。关于马氏体的晶粒细化机制在超过临界区温度处理钢管的实验中已做详细讨论，这次我们只着重讨论铁素体的晶粒细化机制。马氏体晶粒细化主要是靠相变细化，而铁素体晶粒的细化主要是靠再结晶，再结晶主要涉及位错的作用，如图5-10所示。

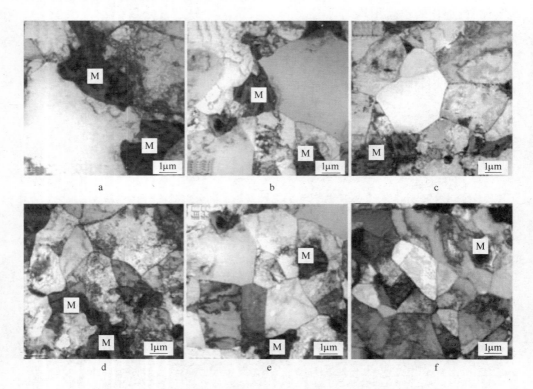

图5-9 试件经不同次数临界区加热+淬火循环处理后的TEM图

图5-10a~d分别示出了经1、2、3和5次循环处理后的位错变化情况。从图5-10a中可以看出，晶界处的位错密度明显高于晶粒内部，而图5-10b中晶粒内部呈现的高密度位错，这说明两次循环处理较一次实现了增殖，而且位错增殖源就在晶界处。其原因是因为晶界处缺陷较多，原子排列十分复杂，在淬火应力的作用下，整个界面处的原子受力是极不均匀的。受力较大部位，

比如凸起或者是凹陷的部位，就有可能达到驱动原子运动的力，使得一部分原子沿着整个晶面滑动，滑入晶粒内部，导致晶粒内部位错密度增加。由于晶界处原子排列十分紊乱，原子怎么滑动都不可能使晶面变得平整，总会有凸起或者是凹陷的部分，致使晶界成了使位错不断增殖的位错源。

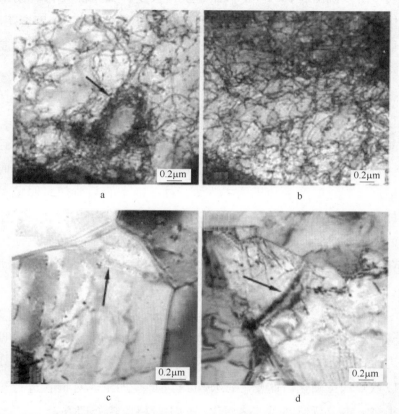

图 5-10　试件经不同次数临界区加热+淬火循环处理后的 TEM 形貌像

随着循环热处理次数的增加，位错密度会不断地增大，当位错密度增大到一定程度时，位错会经过滑移和攀移形成诸如图 5-10a 中箭头所指的胞状亚结构。胞内位错密度很低，胞壁处集中着缠结的位错，且位错密度很高。增加循环热处理次数，也相当于延长位错回复时间，胞壁中的位错逐渐形成低能态的位错网络，胞壁变得明晰而成为亚晶界，如图 5-10c 中的箭头所指部位。这些亚晶粒本身是不稳定的，在进行回复、再结晶退火时，通过亚晶界的迁移时会逐渐增大，如图 5-10d 中箭头所指部位。这里要特别强调一点的是，每一次循环处理后的结束状态都是以淬火形式结束，受淬火应力的影响，试样中会有大量的位错，而在图 5-10c 和 d 中除了亚晶界处的位错，晶粒内部位错几乎不存在，其原因主要是为了清晰地观察亚晶界，我们在做衍衬像时，是在位错消失判据的条件下进行观察的，当操作条件满足 $\vec{g} \cdot \vec{b} = 0$ 时，位错消失，所以说图 5-10c 和 d 中并非位错极少，如果晶粒再转动某一个角度，位错就会大量出现。随着循环热处理次数的增加，位错密度会不断增加，从而使得再结晶驱动力不断增加，形核率就不断增大，致使形成的晶粒尺寸就会不断减小，最终达到图 5-9 所示的铁素体晶粒细化的状态。

根据 Hall-Petch 关系式：$\sigma_s = \sigma_0 + k_y d^{-\frac{1}{2}}$ 可知，循环感应处理使试样基体内的晶粒直径 d 减小，材料的屈服强度和抗拉强度均呈线性增加[38,39]。从理论上说，晶粒细化可以使材料在受到应力时产生的形变更分散地分配到更多的晶粒中，材料将产生均匀形变而不至于造成局部应力过于集中，从而在一定程度上推迟了裂纹的产生和扩展。然而，过于细小的晶粒却减弱了材料的塑性，增加了材料的屈强比，降低了材料的加工硬化能力[40~42]，对成型性能产生不利的影响。此外，细化晶粒产生的强化效应增大了对晶界运动的阻碍作用，k_y 值也因此增加。在以上两点的共同作用下，材料的屈服强度增加。

5.3 热处理冷拔 Q345 钢管为 DP 钢管实验研究

钢管经冷拔后其基体内的各相组织受外力作用产生破碎，管内具有很高的内应力，在冷加工时易于发生开裂，所以应对其进行热处理。热处理后的钢管可以恢复加工硬化后的塑性以便继续进行冷加工。对钢管进行热处理的方式有很多，本节仅研究具有诸多优点的中频感应热处理方式。

以热轧厚壁 Q345 钢管为原料开发出 DP 钢管以及超细晶 DP 钢管的研究已在实验上得以成功实现，本节研究的重点是开发冷拔薄壁 Q345 管为双相钢管，并对其力学性能进行分析。

5.3.1 开发冷拔 Q345 钢管为 DP 钢管的热处理工艺

与 5.2.2.2 节的热处理工艺一样，先调整中频电源的频率，使钢管在临界区的均热温度为 800℃。钢管在均热之后直接超快冷淬火，然后以 300℃ 的温度在 3 号感应加热炉中进行回火处理。表 5-3 为热处理过程中实测的工艺参数。

表 5-3　热处理冷拔 Q345 钢的实测工艺参数

试样号	加热温度/℃	均热时间/s	冷却模式	冷后温度/℃	回火温度/℃	回火时间/s
C1	788	20	水淬	27	338	18
C2	803	20	水淬	19	296	18
C3	816	20	水淬	26	315	18
C4	809	20	水淬	18	278	18
C5	794	20	水淬	31	332	18

5.3.2　热处理冷拔 Q345 钢管为 DP 钢管的显微组织

图 5-11 为冷拔无缝 Q345 钢在感应淬火热处理前、后的金相组织。加热到临界区后的冷拔钢管，其基体内的组织将发生相转变，此时珠光体转变为奥氏体，钢中的组织由如图 5-11a 所示的初始铁素体+珠光体组织转变为铁素体和奥氏体。由于临界区处理温度较低，处理时间也短，经水淬处理后，奥氏体在很快的冷却速度下发生马氏体转变，此时基体内的组织为铁素体+马氏体组织，如图 5-11b 所示。

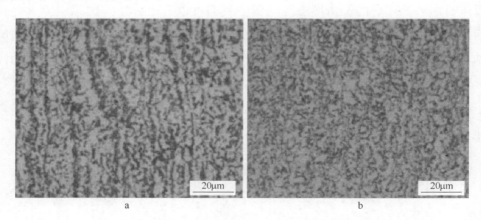

a　　　　　　　　　　　　　　　b

图 5-11　感应加热处理前、后冷拔无缝钢管的基体组织

a—感应加热处理前；b—经水淬处理后

图 5-12 示出了试样号为 C1、C3 和 C5 的透射电子显微像。从图中可以看出，基体组织为明显的铁素体和马氏体混合组织，充分说明了经一次中频感应淬火处理就可以实现将冷拔 Q345 钢管转变为 DP 钢管，而且该生产工艺具有明显的可重复性。在观察其透射电子显微像的时候发现铁素体基体内有大

量的位错和一些分布极有规律的相间析出，如图 5-13 所示。

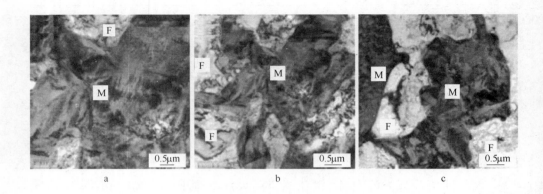

图 5-12　中频感应热处理冷拔无缝钢管基体组织的 TEM 图

a—C1；b—C3；c—C5

图 5-13a 和 c 呈现出了标号为 C2 和 C4 的试样经一次中频感应淬火处理后的位错形态，而图 5-13b 和 d 则呈现的是两个试样经中频感应淬火处理后再进行回火处理后的位错形态。从图中我们可以看出，经一次感应淬火处理后的试样中的位错多为弯曲状态，而且在位错密度较高的区域出现了位错缠结，导致试样的强度、硬度升高，塑性、韧性下降，试样中残存了大量的淬火应力。为了消除这些残余应力，提高塑性和韧性，在一次淬火处理后进行了短暂的低温回火处理，经回火处理后的试样中的位错大部分都发生了平直化，系统的应变能降低。

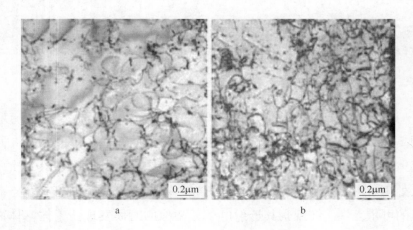

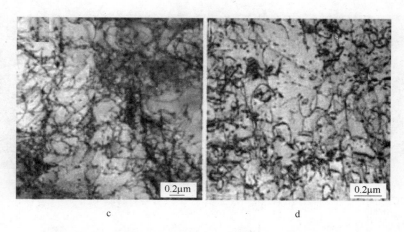

图 5-13 经中频感应淬火以及回火后的位错形态

a，c—回火前；b，d—回火后

仔细观察图 5-13 发现，在布满大量位错的铁素体基体上分布着大量弥散的纳米级析出物，细小弥散分布的高强第二相粒子的存在可使金属的力学行为产生极大的变化，特别是低温时的屈服应力和加工硬化速率提高，在高温时许多其他类型的强化方法已失去效力，而这些第二相粒子，只要它们不溶解或粗化就仍是位错运动的有效障碍[43]。为了观察析出物的分布情况，操作条件满足位错消失判据，位错消失后使得基体上只呈现出析出物如图 5-14 所示的分布情况，图 5-14 示出了标号为 C1、C2 和 C5 的试样铁素体基体上的析出物的分布情况以及析出物的能谱图。通过能谱成分分析我们可以断定，这些纳米级的析出物为 Nb 的碳化物析出。

图 5-14a 和图 5-14b 为铁素体相内的常规析出，图 5-14c 中的析出为相间析出。相间析出的形成需满足一定的条件，当碳化物的析出和铁素体形核同时进行的时候，碳化物会在奥氏体和铁素体界面上析出，等到奥氏体向铁素体转化完毕，碳化物就会在铁素体的某个特定方向的晶面上弥散分布，如果电子束入射方向和具有碳化物析出的铁素体晶面平行，就会出现如图 5-14c 所示的相间析出形貌像，而且可以确定只要是出现相间析出的铁素体一定是由奥氏体转化而来，而不是临界温度区间均热时未转变的铁素体[44]。

由于相间析出的形成条件难以满足，需要大量时间去研究，而且必须满足一定的电子束入射方向才能在透射电子显微像中观察到，所以五组试样中

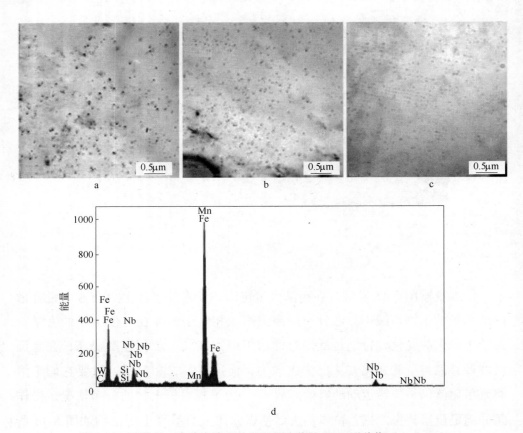

图 5-14　试样经一次感应淬火处理后析出物的·TEM 形貌像（a，b，c）
和能谱成分分析图（d）

只观察到一组试样的铁素体基体上具有相间析出形貌像。然而可以肯定地说，中频感应淬火是完全有可能实现使铁素体基体上的弥散纳米级析出物呈相间析出分布。

5.3.3　热处理冷拔 Q345 钢管为 DP 钢管的力学性能分析

沿钢管的轧制方向按照板材的拉伸试样标准在钢管上线切割出标距为 50mm 的拉伸样，图 5-15 为冷拔热处理 Q345 钢的拉伸曲线。从图 5-15 中可以看出，试样在拉伸过程中表现为连续屈服，试样的屈服强度较低，仅为 342MPa，而抗拉强度则为 774MPa，说明实验材料具有很低的屈强比。拉伸试验得出材料的 n 值和 r 值分别为 0.24、1.80。材料较低的屈服强度说明管件在塑性变形过程中产生变形所需的载荷较小，能够提高成型时的安全系数和设备的使用寿命。高的抗拉强度说明试样所能承受的最大载荷较高，其产生危险断面的承载能力也较强。

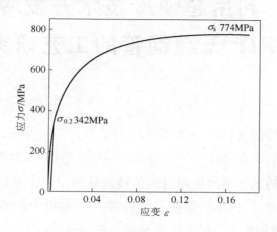

图 5-15 试样的拉伸曲线

低的屈强比和高的 n、r 值可以将应变更广的分布到材料的变形部位，延缓材料在塑性变形过程中应力集中的发生，进而增强了材料稳定变形的能力，增加了其最大变形程度，且在变形之后的形状固定性也较好，说明试制的 DP 钢管具有很高的冷成型性能。采用试制的双相钢管经冷弯成型的复杂截面异形管如图 5-16 所示，解决了相同强度级别钢管过去根本无法冷成型的技术难题。

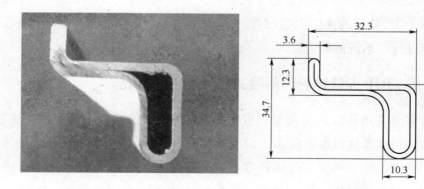

图 5-16 试制 DP 钢管经冷弯成型的异形管截面形状

6 利用超快冷技术开发冷拔
TRIP 无缝钢管的工艺研究

相变诱发塑性钢（TRIP 钢）作为一种高强度高塑性钢，在最近几十年里一直是众多学者的研究热点之一。相变诱导塑性是指 TRIP 钢在受到外力作用时，诱发基体内的残余奥氏体向马氏体转变过程中，在延迟裂纹产生的同时也提升了钢材的强度。TRIP 钢板也已经被成功应用于制造汽车、造船等领域。利用 TRIP 钢制造出的汽车底盘不仅具有很高的强度，还可以显著减轻整车重量。另外，由于 TRIP 钢在塑性变形时会发生相变而吸收大量的能量，因此利用 TRIP 钢制造的汽车保险杠的零件在汽车发生碰撞时会吸收大量的能量而降低碰撞产生的破坏，显著提高了汽车的安全性。纵观有关 TRIP 钢的研究成果，众多学者都把研究重点放到了 TRIP 钢板的研究上，将 TRIP 钢应用到钢管领域的报道却很少看到。

在本研究中，考虑到 TRIP 钢同时具有高强度、高塑性以及较好的成型性等特点，试图将 TRIP 钢生产技术率先应用于无缝钢管的工业生产，对冷拔 TRIP 钢无缝管的化学成分、制造工艺进行了有益的探讨，成功地研究开发出具有明显 TRIP 效应的薄壁无缝钢管，并利用多种手段对试制钢管的内高压成型性能等进行了系统的研究。

6.1 冷拔 TRIP 无缝钢管的两段式热处理工艺研究

实验室通常用两段式退火工艺进行冷轧 TRIP 钢的试制，其具体方法是：将试样加热到临界区温度，保温一定时间使试样中形成一定比例的奥氏体和铁素体，然后快速冷却到贝氏体转变温度并等温一定时间，此过程中碳进一步向奥氏体富集，并达到平衡状态，最后空冷或淬火到室温[45,46]。在第二阶段的冷却过程中会再次形成一部分铁素体，使奥氏体中的碳继续富集，但是其量却非常少[47,48]。在等温过程中，通过奥氏体相形成无碳贝氏体，碳再次向残余奥氏体富集。当冷却到室温时，由于残余奥氏体中富集的足量碳，使其在常温下保持稳定。如果贝氏体区的等温时间过短或者等温温度过低的话，可能会形成一定量的马氏体。

通过两段式热处理方法获得冷拔 TRIP 钢管的实验研究对工业上的连续退火生产具有一定的指导意义。通过三种不同的热处理工艺获得不同基体组织的冷拔 TRIP 钢管，并对其相变诱导塑性行为进行对比，确定出适应不同性能要求的热处理工艺。通过两段式热处理的研究经验，对冷拔无缝钢管进行中频感应加热后控冷保温处理，以实现 TRIP 钢管的在线生产。

6.1.1 实验材料

考虑到 TRIP 钢高强度、高成型性的特点，以研究开发具有良好成型性能的薄壁无缝 TRIP 钢管为目标，以不增加材料成本为前提，仅在 Q345 钢的成分基础上添加少量的硅元素进行炼钢、锻造，将锻造后的材料车削成 ϕ65mm×1000mm 的圆棒，经穿孔、冷拔后制成外径为 42mm，壁厚为 1.3mm 的无缝管，图 6-1 为试制无缝钢管的金相显微组织。试制的无缝钢管的实测化学成分见表 6-1。

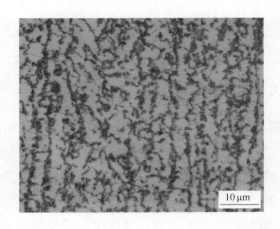

图 6-1 试制无缝钢管的显微组织

从图 6-1 中的金相图片可以看出，冷拔后钢管基体内灰黑色的珠光体组织具有明显的带状结构，呈灰白色的铁素体相也有被拉长的痕迹。这对力学性能存在着不良的影响，应在热处理过程中予以消除。

表 6-1 实验钢的化学成分（质量分数,%）

元素	C	Si	Mn	Nb	Ti	S	P	N	O
实测成分	0.14	1.327	1.321	0.0295	0.024	0.002	0.006	0.004	0.004

在确定热处理工艺之前，将冷拔钢管的原料——钢棒，制成 $\phi6\times8mm$ 的热模拟试样，在 MMS-300 热模拟机上进行热膨胀实验以测定相变点。试样以 10℃/s 的加热速度由室温加热到 1200℃后保温 3min，再以 10℃/s 的冷速冷至 900℃，最后以 20℃/s 的速度冷却到室温。得到热膨胀曲线见图6-2。

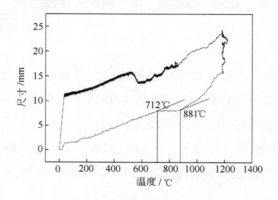

图 6-2 试验钢的热膨胀曲线

从热膨胀曲线可以看出，试验钢的 A_{c1} 和 A_{c3} 分别为 712℃ 和 881℃，试验中采用的临界区均热温度为 A_{c1} 和 A_{c3} 的平均值，约为 790℃。

6.1.2 两段式热处理工艺的制定

将无缝钢管截成长度为 200mm 的短管以备盐浴实验使用，然后将此试样按照三种不同工艺方法热处理为三种不同基体的 TRIP 钢：（1）多边形铁素体基体 TRIP 钢（PFT）；（2）贝氏体铁素体基体 TRIP 钢（BFT）；（3）退火马氏体基体 TRIP 钢（AMT）。

PF 基体 TRIP 钢的热处理工艺为：将试样放到保温温度为 790℃ 的加热炉中均热 1500s 后快速投放到 410℃ 的中温盐浴炉中分别进行贝氏体等温（IBT）60s、180s、300s、420s、600s，然后取出，油淬；BF 基体 TRIP 钢的热处理工艺为：将试样放到保温温度为 920℃ 的加热炉中奥氏体化 1500s 后快速投放到 410℃ 的中温盐浴炉中等温同（1）的时间，然后取出，油淬；AM

基体的 TRIP 钢的热处理工艺为：先将试样放到保温温度为 1000℃的加热炉中均热 1500s，然后取出油淬，将油淬后的试样再次放到温度为 790℃的加热炉中均热 1500s 后快速投放到 410℃的中温盐浴炉中贝氏体等温，等温时间同上，然后取出，油淬。

热处理时所采用的工艺曲线见图 6-3。将热处理后的实验材料按照 GB/T 228—2002 线切割为标准的拉伸试样，以备进行力学性能测试。

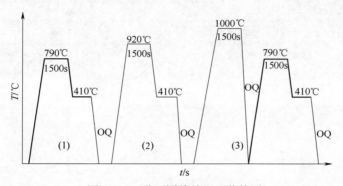

图 6-3　三种不同热处理工艺简图

OQ—油淬；（1）—PFT；（2）—BFT；（3）—AMT

6.1.3　两段式热处理试样的微观组织

将热处理后的钢管沿轧向线切割为 10mm×10mm 的试样，进行显微组织和 X-ray 衍射分析。

图 6-4a、b 和 c 中白色部分为残余奥氏体，黑色部分为贝氏体或马氏体，灰色部分为基体组织；a′、b′和 c′中的白色部分为马奥岛。从图 a 和图 a′可以看出，PFT 钢中的残余奥氏体大部分存在于铁素体晶界，其形状呈块状或是蠕虫状，部分粒状残余奥氏体存在于铁素体晶粒内，也有很少部分存在于贝氏体中，铁素体基体呈等轴晶分布，贝氏体呈条状分布于铁素体或奥氏体晶界，而残余奥氏体呈岛状分布于铁素体晶界或晶内，或呈薄膜状分布于贝氏体铁素体条间。图 b 和 b′给出了经腐蚀后 BFT 钢的金相组织，从图中可以明显看出，此工艺处理后的钢基体组织晶粒尺寸相对均匀，呈多边形状，沿晶界形成残余奥氏体呈块状或是三角形状，比较均匀地分布于基体组织中。从图 c 和图 c′可以看到 AMT 钢中板条状的退火马氏体基体及条间第二相。第二相包含有块状和条状的残余奥氏体及残余奥氏体周围的无碳贝氏体。PFT

钢中的块状残余奥氏体相对于其他两种钢要大。从图 a、b 和 c 中可以看出，残余奥氏体主要形成于原始奥氏体晶界，少量的残余奥氏体位于大的铁素体晶粒中。

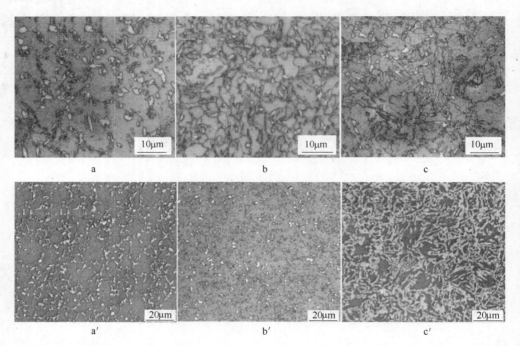

图 6-4　经腐蚀后的金相显微组织

a，b，c—PFT，BFT 和 AMT 钢经 2%硝酸酒精+10%焦亚硫酸钠水溶液腐蚀后的显微组织；

a′，b′，c′—PFT，BFT 和 AMT 钢经 LePera 腐蚀后的显微组织

图 6-5 为透射电镜下观测到的两段式热处理 TRIP 钢管的基体组织。残余奥氏体在基体中呈诸如薄膜状、层状或块状等形貌分布在如图 6-5a 中的铁素体/贝氏体组织晶界，或呈岛状如图 6-5b 分布于粒状贝氏体晶界处。可以通过衍射花样来验证贝氏体铁素体板条间存在的大量残余奥氏体。条间的残余奥氏体一般呈如图 6-5a′中的单晶奥氏体存在，也有部分呈如图 6-5b′中的奥氏体孪晶存在。大量的块状残余奥氏体是由临界区均热后快冷至贝氏体区等温过程中生成的。

6.1.4　拉伸断裂前后残余奥氏体含量及其中的碳浓度分析

残余奥氏体的体积分数 V_γ 可以通过 X 射线对铁素体和奥氏体衍射的积分

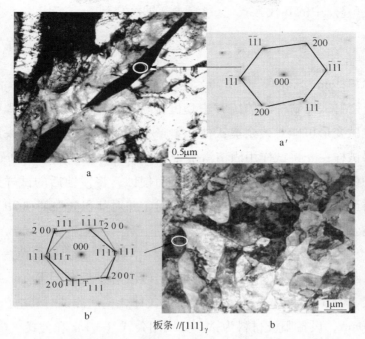

图 6-5 透射电镜下观测的贝氏体铁素体的条间残余奥氏体

强度来计算[49]。其计算公式如下[50]：

$$V_\gamma = \frac{1.4I_\gamma}{1.4I_\gamma + I_\alpha} \qquad (6-1)$$

式中 V_γ——残余奥氏体的体积分数；

I_γ——奥氏体 $(220)_\gamma$ 和 $(311)_\gamma$ 晶面衍射峰的积分强度；

I_α——铁素体 $(211)_\alpha$ 和 $(200)_\alpha$ 晶面衍射峰的积分强度。

奥氏体中的碳浓度通过式（6-2）[51]进行估算：

$$C_\gamma(wt\%) = [a_\gamma - (3.572 - a_\alpha/2.8664)]/0.033 \qquad (6-2)$$

式中 C_γ——残余奥氏体中的碳浓度，为质量分数；

a_γ, a_α——奥氏体和铁素体对应的晶格常数。

为了计算出残余奥氏体中的碳浓度，还需由公式（6-3）和公式（6-4）计算出 $a_{\alpha,\gamma}$ 值：

$$2d\sin\theta = \lambda \qquad (6-3)$$

$$a_{\alpha,\gamma} = d\sqrt{h^2 + k^2 + l^2} \qquad (6-4)$$

将式（6-3）中的 d 代入式（6-4）中，即可得到：

$$a_{\alpha,\gamma} = \frac{\lambda \sqrt{h^2 + k^2 + l^2}}{2\sin\theta} \tag{6-5}$$

式中，$\lambda = 1.789\text{nm}$。

X 射线衍射试样制备的传统方法是机械打磨、抛光，在此过程中产生的摩擦热和机械变形可能对残余奥氏体含量产生影响。在本实验中采用化学处理方法获得试样：先将试样用酒精清洗干净，然后将试样放在 100mL 的 30% 的 H_2O_2 和 10mL 的 HF 酸混合液中进行表面侵蚀，将侵蚀后的试样用高倍砂纸轻轻打磨至光亮即可。试样经 X 射线衍射，并对其积分强度和 2θ 角进行分析，按上述公式计算出奥氏体含量。

图 6-6 为 PF TRIP 钢经拉伸断裂后的试样，其中，a 为断口位置。利用线切割设备从断裂后试样的 b 处位置取样，用砂纸磨平后利用 D/max2400 型 X 射线衍射仪（XRD）测量 $a \rightarrow b$ 段的残余奥氏体含量。测试时管电压为 35kV，管电流为 40mA，设备阳极材料为钴。分别用公式（6-1）和公式（6-2）计算残余奥氏体和残余奥氏体中碳含量。

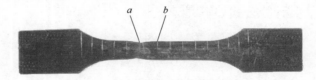

图 6-6　断裂后试样的显微检测位置

通过 PANalytical X'pert HighScore Plus 软件可以分析出试样的积分强度和 $(220)_\alpha$、$(220)_\gamma$、$(311)_\gamma$、$(200)_\alpha$ 以及 $(211)_\alpha$ 所对应的 2θ 角。图 6-7 给出了试样的 X 射线衍射图，其中图 6-7a 为热处理后未变形试样的衍射图，图 6-7b 为拉伸断裂后 $a \rightarrow b$ 截面的衍射图。

根据图 6-7 和式（6-1）、式（6-2）计算出热处理后未变形试样的残余奥氏体含量为 11.01%，碳含量为 1.18%。如图 6-7a 所示，在拉伸前表现为明显的 $(220)_\gamma$ 和 $(311)_\gamma$ 残余奥氏体峰，而在拉伸断裂后只存在 $(220)_\gamma$ 很小的峰，$(311)_\gamma$ 峰几乎不存在。此现象说明，在拉伸过程中，试样的断口附近位置的残余奥氏体几乎全部发生了马氏体转变。

图 6-8 为残余奥氏体及其碳含量在不同贝氏体等温时间下的变化曲线。

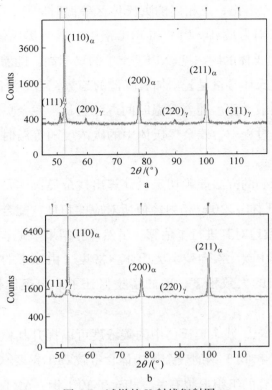

图 6-7　试样的 X 射线衍射图

a—拉伸前的衍射图；b—拉伸断裂后 $a \rightarrow b$ 截面的衍射图

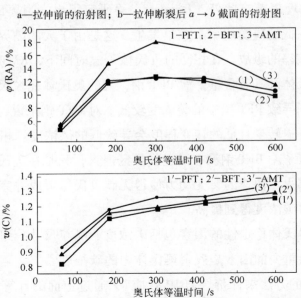

图 6-8　残余奥氏体含量（体积分数）及其碳含量（质量分数）随保温时间的变化曲线

从图 6-8 中可以看出，在相同的贝氏体区等温时间下，AMT 钢中的残余奥氏体及其碳含量均为最高，PFT 和 BFT 钢中的残余奥氏体含量相差不大，但 BFT 钢中残余奥氏体的碳浓度较 PFT 钢中的要稍高。随着贝氏体区等温时间的增加，残余奥氏体含量呈先增加后降低的趋势，当等温时间为 300s 时残余奥氏体含量达到最大值。随着等温时间继续延长，残余奥氏体含量稍有降低，而在整个等温过程中，残余奥氏体中的碳浓度随等温时间的延长而呈线性增长的趋势。

目前还没有精确的方法能确切定量计算出残余奥氏体及其碳含量。本实验通过 XRD 对奥氏体 (220)$_\gamma$ 衍射峰值所对应的角度，配合经验公式 (6-1) 和公式 (6-2) 大致地对其进行了估算。虽然计算结果不是非常准确，但可以判断出热处理过程中碳元素向残余奥氏体中富集（由原来的 0.14% 上升到热处理后的 1.18%）的大致程度，碳的富集保证了残余奥氏体在室温下的稳定性[52]。

有研究表明[53,54]，残余奥氏体中的碳浓度可以提升其稳定性。在相同的等温时间下，AMT 和 BFT 钢的残余奥氏体含量较 PFT 钢要高，这与其在不同的热处理工艺下得到的组织形貌有关。相对于 PFT 钢，AMT 钢多了一道奥氏体化+油淬热处理工艺。此外，Jacques[55] 等研究得出，当奥氏体晶粒较小，贝氏体转变会在低的应变速率下较早发生。这是由于大的晶界面积中较多的小晶粒提升形核率的缘故。在相同的贝氏体等温时间下，AMT 钢能够形成更大量的残余奥氏体及其碳含量，而 PFT 钢，大的奥氏体晶粒尺寸阻碍其转变且低的转变范围导致 PFT 钢中的碳浓度较低。对 PFT 钢来说，大的残余奥氏体晶粒尺寸会延迟转变且低的转变程度会导致低的碳浓度。相比与 PFT 钢和 AMT 钢的处理工艺，BFT 钢没有经过临界区退火，只是在奥氏体化后直接进行贝氏体等温淬火。快速的转变动力使得无碳贝氏体形成并完成残余奥氏体的转变，也使得碳浓度得到提高。

影响残余奥氏体稳定性的因素包括碳浓度、晶粒尺寸、组织形貌及各相的配比，其中最重要的因素是残余奥氏体中的碳浓度[56,57]。若采用残余奥氏体含量×碳浓度的方法来评价"TRIP 效应"，通过上面的计算结果，AMT 钢具有最大的"TRIP 效应"，而 PFT 钢的"TRIP 效应"为最低。

6.1.5　不同热处理工艺下试样的力学性能

为了使 TRIP 效应充分发挥，三种基体的 TRIP 钢均采用 1mm/min 的拉伸速度进行拉伸。图 6-9 为各基体试样的拉伸曲线及力学性能。

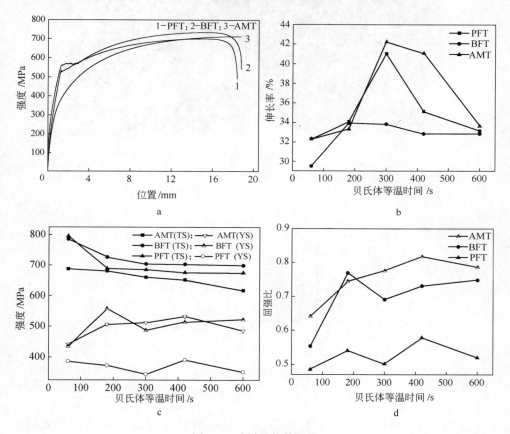

图 6-9　试样的拉伸性能

图 6-9a 中给出了试样在贝氏体区等温时间为 300s 时的拉伸曲线。事实上，对其他等温时间的 PFT 钢也没有出现屈服平台和上下屈服点，而对 BFT 钢和 AMT 钢，各等温时间下均出现了屈服平台和屈服点。将图 6-9b 与图 6-8 相结合分析发现：试样伸长率的变化趋势和残余奥氏体含量的变化趋势一致；图 6-9c 和图 6-9d 分别给出了试样的强度与屈强比的变化趋势。在不同的贝氏体等温时间下，AMT 钢的抗拉强度为最低，屈服强度为最高，故具有最低的屈强比；BFT 钢的屈服强度为最高，而伸长率为最低；PFT 钢为最低的屈服

强度和屈强比。

图 6-10 为 PFT 钢的拉伸断口扫描形貌及其反色图。

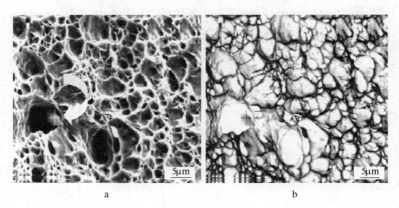

a   b

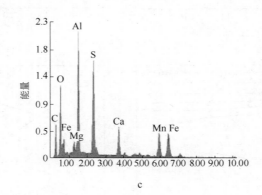

c

图 6-10 断口扫描形貌

a—断口扫描形貌；b—a 的反色图；c—夹杂物的能谱分析

由图 6-10a 可以看出，试验钢的拉伸断口布满了韧窝，并显示了大的空洞痕迹，附近的韧窝尺寸为等轴韧窝且尺寸较大，表明此处为大裂纹源，属于韧性断裂。6-10a 中的箭头指向位置为大的韧窝中的夹杂物，可能是由于存在群集的夹杂物，裂纹在此处优先萌生和发展。此外，在拉伸过程中正应力垂直于微孔表面，导致此处的空洞呈等轴状。图 6-10c 的能谱分析表明，夹杂物可能为硫化锰，也可能是硫化钙。

扫描图片的反色图能够清晰的显示 TRIP 钢的裂纹扩展形式。图 6-10b 表明 TRIP 钢的裂纹扩展路径不是总沿着晶界，也有部分穿过晶粒内部向前发展，表现为典型的穿晶断裂迹象。由于在基体铁素体晶粒内部，还有小部分的奥氏体晶粒存在，当裂纹穿过这样的晶粒时，其内部的奥氏体将会发生相变，对裂纹的扩展起到抑制作用。TRIP 钢中的亚稳态高碳残余奥氏体具有低的层错能，相对于铁素体，具有低的屈服强度和高的加工硬化率。这个高的加工硬化率与比较难发生的点阵位错交滑移和应变诱导马氏体转变有关。当裂纹以近于垂直的角度与大块铁素体晶界相遇时，其扩展受到明显的阻碍，发生钝化和转折。这一方面说明较大的基体铁素体晶粒能够有效地抑制 TRIP 钢裂纹的扩展，另一方面也说明裂纹的扩展在某些情况下也能够以撕裂晶界的形式进行，使钢表现为局部的晶面断口形貌。

从裂纹萌生机制上看 TRIP 钢的断裂属于微孔聚集型断裂，但在扩散方式上却不是各处微孔同时扩大并最后形成连接，而是先形成大裂纹，由大裂纹诱导和加剧其前进方向上的小微孔和小裂纹的产生和发展，从而最终形成一个统一的断面；从裂纹的扩展路径看，TRIP 钢的断裂为穿晶断裂，只是在某些晶粒上有沿晶界发生转折形成结晶断口的可能。相变马氏体作为晶界处的硬质点，之所以没有成为裂纹源，造成钢的解理断裂，一是因为马氏体相变本身释放了应力，抑制了裂纹的产生；二是因为马氏体与钢基体的结合力较之夹杂物仍然较大。

不同的热处理工艺会改变材料的组织，从而获得不同的性能。通过研究 TRIP 钢在不同工艺制度下所得各相组织及其作用机理，是获得其最佳性能的有效手段。Bleck 等[48]研究了双相钢和 TRIP 钢中显微组织和拉伸性能之间的关系，认为材料的性能取决于钢中各相的体积百分数、各相的晶粒尺寸、硬质相和软质相的硬化率、局部的化学成分起伏及亚稳相的机械稳定性。

为达到强度和塑性的同步增加，残余奥氏体必须具有足够的稳定性以实现渐进式转变：一方面强化基体，另一方面提高均匀伸长率[58~60]。若残余奥氏体的稳定性不够，亚稳态奥氏体在很低的应力下就会发生马氏体相变，钢的塑性下降。相反，如果残余奥氏体的稳定性太高，当变形量很大时仍然不发生应变诱发马氏体相变，则难以释放局部应力集中，导致裂纹的萌生，TRIP 效应减弱。在实际的变形过程中，铁素体的形变程度大于组织中其他各相，当形变积累到一定程度时，其强度使铁素体难以承受均匀变形，发生残余奥氏体向马氏体转变，释放局部应力，使形变得以继续进行，伸长率得到提高；同时相变后的马氏体强化铁素体基体，形变所需应力增加，强度提高。

6.2 冷拔 TRIP 无缝钢管的中频感应热处理工艺探讨

TRIP 钢由于其特殊的化学成分设计和轧制工艺，使得其微观组织中含有一定量的残余奥氏体。此残余奥氏体含碳量高，在室温下处于亚稳态，稳定性较差，在一定量的应变下会发生马氏体转变，转变过程会增加材料的均匀变形能力，使材料的强度和塑性都有所提高。

无缝钢管由于其中空封闭的特点被广泛应用于气体、液体的输送。相对于相同截面的圆钢与方钢，钢管具有较大的抗弯曲和扭转特点，并被广泛地应用于各种建筑及其他构件上。作为具有低合金成分、良好强塑性组合的热处理冷拔 TRIP 钢管，在一定程度上可以完全替代圆钢和方钢，以达到减轻重量、节约材料的目的。若采用在线连续热处理的方式代替两段式的热处理工艺获得 TRIP 钢管，则可以实现 TRIP 无缝钢管的工业化连续生产。本节及以后各节从实验操作的可行性以及实验材料的组织性能进行分析论证，目的是通过中频感应加热控制冷却后保温的方法开发出新的热处理工艺，并应用于 TRIP 钢管的生产。

6.2.1 工艺设计思路

根据两段式热处理工艺，将初始组织为铁素体和珠光体的冷拔无缝钢管通过两相区退火和贝氏体区等温处理，然后冷却到室温。两相区退火处理后可以得到体积分数大致相等的铁素体和奥氏体。此过程碳向奥氏体转移，使奥氏体中的碳含量得到提高。在贝氏体区等温处理时，部分奥氏体转变为贝氏体，并有少量残留下来，此过程中由于 Si 元素不易在渗碳体中溶解，碳化物的形成过程被抑制，碳元素进一步向奥氏体富集，使奥氏体中的碳含量大大增加，提高了其稳定性。热处理后的最终组织为铁素体、贝氏体和残余奥氏体。

本研究参照两段式热处理工艺开发 TRIP 钢无缝管的工业化生产方法，决定采用中频感应加热取代传统的燃气加热或盐浴炉加热，这样能够克服非工作状态时燃气加热或盐浴炉加热不能停炉的缺点，可以根据试验条件和节奏的变化随时启停并实现加热过程的自动化控制，冷却时采用具有超快冷功能的冷却箱控制冷却到贝氏体温度区，实验装置与开发 DP 钢管时所使用的中频感应热处理装置相同（见图 5-1）。

6.2.2 试制 TRIP 无缝钢管的热处理工艺

采用自行研制的中频感应热处理装置（见图 5-1）对冷拔无缝钢管进行热处理，实验材料同两段式热处理所用材料。

首先设定调速电机的转速，因为转速决定钢管能在炉中均热或等温的时间，然后启动中频电源，分别设定其功率，不同的功率决定着钢管可能会达到的温度。将截成 1m 长度的钢管置于托辊上，经过 1 号感应加热炉（我们命名其为均热炉）后用红外测温仪测定其感应加热后的实际温度；试样经过 1 号感应加热炉后进入快速冷却装置。此冷却装置可以进行水冷、气冷或水雾冷却，以实现不同的冷却速度。由于管壁很薄，采用压缩空气冷却即可达到所要求的冷速。快速冷却到贝氏体转变温度的试样由转动的托辊运送到 2 号感应加热炉，此炉设定的功率较低。因为 2 号炉仅提供贝氏体等温所需要的温度，我们可以命名其为等温炉。将等温处理后的试样空冷至室温。试件在均热炉和等温炉内的行走时间称为均热时间和等温时间。

不同热处理工艺条件下所需的均热时间和等温时间可能会有不同，所以试验装置由两个调速电机控制，这样就可以分别控制试件在均热炉和等温炉中的运行速度，从而相应的调整所需时间。

6.2.3 试制 TRIP 无缝钢管的组织性能

冷拔无缝钢管的基体组织与冷轧钢板的初始组织相似，都具有很细小的破碎的铁素体晶粒，此时内应力很大，若在此种状态下进行加工，极易产生裂纹，进而导致钢管的大面积开裂。所以应对其进行热处理，以消除内应力，使晶粒适当长大，提升其力学性能，实现其应用价值。

6.2.4 试制 TRIP 无缝钢管的基体组织

调整中频电源的功率和调速电机的运行速度，参照图 6-3 所示的热处理工艺（1）、（2）和（3），将此时的热处理工艺分别命名为 IA、IB 和 IC，比较不同均热温度下试样的区别。

设定的工艺曲线见图 6-3 中的工艺（1），不同的是均热时间和等温时间分别为 11s 和 18s。表 6-2 为不同条件下实测的工艺参数, 图 6-11 为钢管经中频感应热处理后试样的金相组织。

表 6-2 实测工艺参数

工艺编号	均热温度/℃	均热时间/s	快冷后的温度/℃	等温温度/℃	等热时间/s
1	806	11	452	420	18
2	795	11	413	420	18
3	813	11	429	420	18

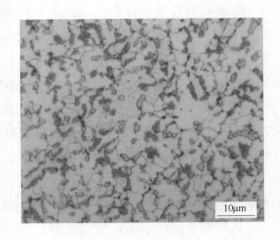

图 6-11 热处理后试样的金相组织

从图 6-11 可以看出, 中频感应加热处理使得试样基体内的带状组织消失, 基体内为多边形铁素体和晶粒细小的均匀分布于铁素体晶界的第二相组织, 这个第二相可能为贝氏体相和马奥岛。与图 6-4a 比较发现, 中频感应处理得到的基体组织中的铁素体较盐浴处理得到的铁素体要小, 这可能是由于中频感应处理的加热速度更高、保温时间更短的原因。

在贝氏体等温转变过程中, 碳元素会在铁素体及周边的奥氏体中进行重新分配, 生成了少量的高碳奥氏体, 这部分奥氏体在随后的冷却过程中一部分将以残余奥氏体的形态保留下来, 另一小部分则可能会转变为孪晶马氏体。如图 6-12 为基体的透射图片。

图 6-12 中透射照片中还发现部分层错存在于残余奥氏体中, 这是因为试样在较高的临界区温度快速冷却至贝氏体区进行等温转变时, 过冷度较大, 且奥氏体相的层错能较低, 所以很容易在奥氏体相上出现呈平行状的层错。

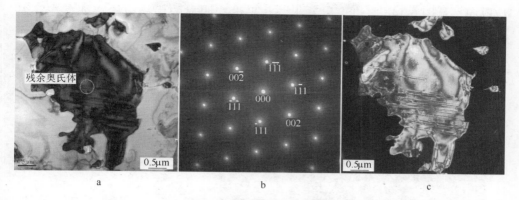

图 6-12　冷拔 TRIP 无缝钢管基体内的部分残余奥氏体形态

a—明场形貌；b—衍射光斑；c—a 的暗场形貌

6.2.5　试制 TRIP 无缝钢管内的残余奥氏体含量

通过 6.1.4 节中的计算方法对中频感应热处理 TRIP 无缝钢管内的残余奥氏体进行估算，试样的制备方法与前述相同。

从材料的 X 射线衍射图谱上（图 6-13）可以明显地看出，经中频感应热处理的试样基体内具有一定量的残余奥氏体存在。通过衍射峰值的积分强度和经验公式计算得出经热处理后试样基体内有约 11% 的残余奥氏体。图 6-14 和图 6-15 为试样经感应加热处理后其基体组织经 EBSD 分析的结果。

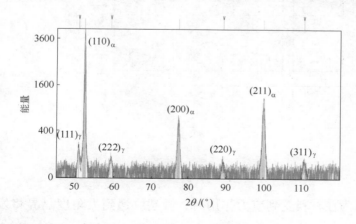

图 6-13　试样经感应热处理后的 X 射线衍射图谱

从 6-14a 中得知，实验钢的各晶粒取向十分分散，不存在明显的优势晶粒取向，从图 6-14b 中也可以看出，几乎没有明显的优势织构特征存在，织构很弱。基体内的晶粒以大角度晶界为主，大于 15° 的大角度晶界量占到 91.4%。大角度晶界对裂纹的扩展能起到阻碍作用，且大角度晶界的比例越高，其阻碍作用越明显、材料的韧性越好。

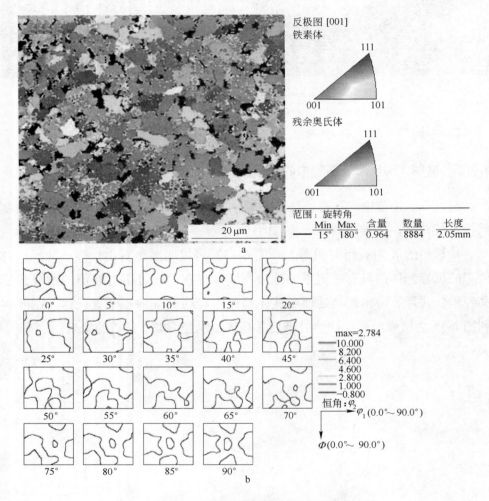

图 6-14   实验钢的取向分布图（a）和织构（b）

这是因为在材料受到应力作用时，微裂纹遇到大角度晶界将发生沿晶界扩展，迫使解理裂纹改变扩展路径，以便与新的局部结晶平面相适应[61]。而小角度晶界，不会对裂纹产生有效的障碍，当扩展到小角度晶界时，晶粒将被抑制或直接发生穿晶断裂，此外，小角度晶界的比例仅为 3.6%，因此它不会对韧性的发挥产生有效的影响。

　　与图 6-14a 中一样，图 6-15a 中不同的颜色代表晶粒的不同取向，灰色部分为铁素体组织，白色部分为 γ-Fe，即残余奥氏体组织，黑色部分是不同于 fcc 的其他组织，为贝氏体组织。分析计算可知，铁素体、贝氏体和残余奥氏体的含量分别为 70.0%、20.4% 和 9.60%，残余奥氏体的含量与经验公式计算的结果相差不大，其含量均稍少于盐浴处理所得的残余奥氏体。从图 6-15a 中也可以看出，基体中有部分呈块状的白色的残余奥氏体存在，但大部分还是以白色的点状分布于铁素体晶界处，此现象说明基体中的残余奥氏体有部分存在于铁素体内部，但大部分还是呈细小的颗粒状弥散分布于铁素体相界。残余奥氏体大都分布在晶界线上的原因是由于晶界处的位错密度很高，碳元素较容易扩散至这些位置并产生聚集。

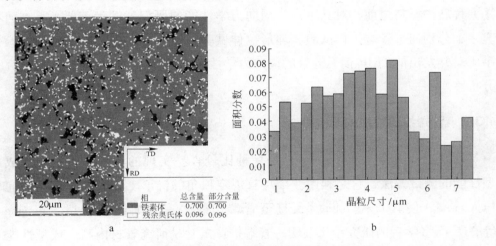

图 6-15　实验钢基体内的残余奥氏体分布及晶粒尺寸

　　由于大角度晶界的铁素体晶粒所占比例很高，材料在受到外力作用时裂纹将沿大角度晶界扩展，而残余奥氏体又主要分布在铁素体晶界处，裂纹沿着铁素体边缘扩展时将遇到残余奥氏体，此时基体内的应力集中促使残余奥氏体发生马氏体相变，此相变诱发的塑性使材料在变形过程中产生的应力集中得以释放，裂纹的尖端也被钝化。当铁素体内部存在马奥岛时，主裂纹也同样会绕过此小岛在铁素体内部进行扩展。残余奥氏体在相变过程中将吸收材料变形时所聚集的能量，因变形而产生的应力集中程度被相应缓解，此转变所得的马氏体晶粒细小，并且由于相内过饱和固溶碳的存在使得其硬度很大。细小且坚硬的马氏体颗粒相当于对材料基体产生了类似弥散强化的作用，从而使材料的强度和韧性在相变的同时得以提高。可以说，残余奥氏体在基体内的分布规律以及占绝对优势的大角度晶界是 TRIP 效应充分发挥的有利条件。图 6-15b 为不同晶粒尺寸在基体中所占的面积比，OIM ANALYSIS 分析软件计算可得基体内的平均晶粒尺寸为 4.41μm。Hall-Petch 公式表明，基体内晶粒的尺寸越小，其强度越高。试样基体内高比例的大角度细小晶粒组织以及 TRIP 效应的充分发挥共同保证了材料强度和韧性的合理匹配。

6.3 TRIP 钢无缝管的周向力学性能和成型性能研究

在内高压成型过程中，管材的周向力学性能及成型性能是制定内高压成型工艺（加载路径）的理论基础，决定着成型过程的成功与否。因此，在使用一种新的材料之前，对其轴向、周向力学性能的研究就尤为重要了。本研究中，分别通过管端扩口试验、环形拉伸试验以及液压自由膨胀试验等试验手段对开发出的 TRIP 钢无缝管的周向力学性能和内高压成型性能进行了研究分析。

6.3.1 管端扩口性能的研究

管端扩口试验（Flaring test）是一种比较容易实现的圆形管材沿周向成型性能的测试方法，它是利用一个具有规定顶角的锥形工具沿管的长度方向压入管端，使其直径不断增大直至管端边缘出现颈缩或者断裂。Manabe 等[62~64]众多学者的研究结果表明，管端扩口试验是研究管材内高压成型性能的一种有效手段。

6.3.1.1 实验和 FEM 方法

在本研究中，自行设计了管端扩口试验设备，其示意图及设备实物图如图 6-16 所示。

为了研究锥形工具不同顶角对扩口极限的影响，分别采用了顶角为 20°、30°、60°和 90°四种不同的锥形工具，管材的扩口率用式（6-6）确定。实验过程中利用计算机对试验过程中的加载力以及冲头的位移进行实时记录，以得到位移-加载力曲线。试验在室温下进行，冲头移动速度固定为 3mm/min。

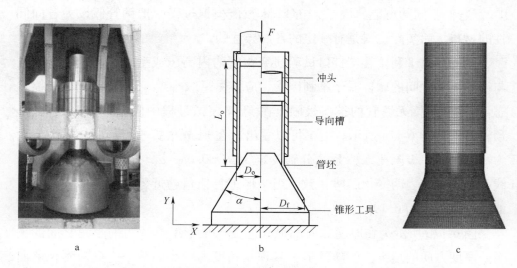

图 6-16 管端扩口试验的实物图（a）、示意图（b）和 FEM 模型（c）

$$\lambda_F = \frac{D_f}{D_0} - 1 \tag{6-6}$$

式中 λ_F——扩口率；

D_0——扩口前管材的外径；

D_f——扩口后管材的外径。

为了研究管端在扩口过程中的应力应变状态以及锥形工具顶角对扩口极限的影响规律，利用有限元的方法对管端扩口过程进行了仿真模拟。模拟所用模型如图 6-16c 所示，采用 4 节点壳体模型（4-node full shell model），钢管被假定为弹塑性材料，锥形工具、冲头及导向槽被假定为刚体，在扩口过程中钢管和冲头被约束成只能上下移动，锥形工具和导向槽被约束为固定不动。模拟中的摩擦系数根据相关文献的研究结果，确定的动摩擦系数为 0.03，静摩擦系数为 0.05[63]。

6.3.1.2 实验结果

图 6-17a 所示为实验及 FEM 数值模拟中扩口极限与锥形工具顶角半角之间的关系，通过反向延长各条曲线，与纵轴均有一个交点，此交点可以近似看作当锥形工具顶角为零时的管端扩口极限。TRIP 钢无缝管的管端扩口实验和 FEM 数值模拟中，当锥形工具顶角接近零时的扩口极限分别为 0.45 和

0.3，它们不同的可能原因是：在 FEM 数值模拟过程中把钢管假设为各向同性的材料，而实际材料是有一定的各向异性的。

另外，对于利用管端扩口试验研究钢管的内高压成型性能时，管材内壁与锥形工具之间的摩擦属于不利因素，应该尽量减小[65]。为了研究无摩擦状态下的 TRIP 钢无缝管的扩口极限，在 FEM 模拟过程中假设摩擦系数为零，预测结果如图 6-17a 所示。由图可以看出，在 FEM 模拟中，当摩擦系数假设为零时的扩口极限比摩擦系数分别设定为 $\mu_s = 0.05$，$\mu_k = 0.03$ 较低，且两曲线基本平行，表明变化趋势一致。当锥形工具顶角趋近零时，无摩擦状态下的扩口极限约为 0.19。

图 6-17b 所示为在厚度方向的最大应变与锥形工具顶角的半角之间的关系，厚度方向的最大应变随锥形工具顶角角度的减小而减小，反向延长此曲线与纵轴的交点可以近似看做是当锥形工具顶角为零度时厚度方向最大应力值。利用环形拉伸试验对钢管进行环形拉伸测试，断口处的最大应变为 0.45。可见当锥形工具顶角接近零时的最大应变和环形拉伸所得最大应变相近。通过反向延长最大应变与锥形工具顶角之间关系曲线的方法预测最大应变，对研究管材内高压成型性具有重要意义。

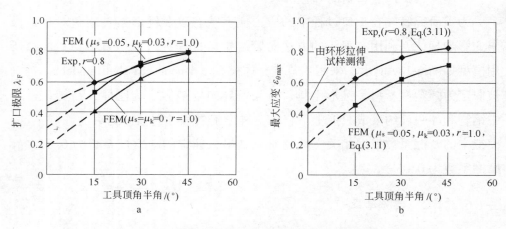

图 6-17 扩口极限及厚度方向最大应变与锥形工具顶角半角之间的关系

6.3.2 周向力学性能的研究

环形拉伸试验（Ring tensile test）是一种确定圆形金属管材在圆周方向上

塑性成型性能的一种常见方法。本研究在 Arsene[66] 所设计设备以及环形拉伸试样的基础上，新设计出了一套环形拉伸设备以及环形拉伸试样。根据设备的几何特点和力学关系，利用实验和计算相结合的方式，成功得到了管材沿周向的应力-应变曲线。

6.3.2.1 实验方法及设备

图 6-18a、b 是所用试验设备及环形拉伸试样的示意图。在试样中心放入一个支撑架（Central Bracing），拉伸过程中，试样平行长度部分就不会被过度拉直而导致过早发生塑性变形，尽可能地保证试验过程中试样标距部分沿周向被拉伸，得到更准确的实验结果。试验所用润滑剂是含有聚四氟乙烯（PTFE）和有机钼（Organic Molybdenum）的喷雾型固态润滑剂。试验时将润滑剂均匀喷涂到环形试样和工具的接触面上。环形拉伸工具安装在岛津 AU-TOGRAPH AG-50kN ISD MS Series（日本）拉伸试验机上，采用岛津 VIDEO 式非接触引伸计（DVE-201），如图 6-18c 所示。试验在室温（23℃）下进行，拉伸速度固定为 2.5mm/min。

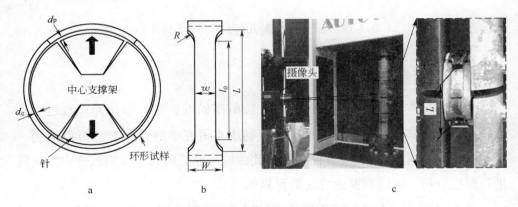

图 6-18 环形拉伸实验设备图

6.3.2.2 应力应变的确定方法及其可靠性验证

A 应力应变的确定方法

根据试验装置的几何特点，可以把环形拉伸实验过程看成关于 X 轴和 Y

轴镜面对称，图 6-19 为拉伸实验的上半部分几何模型，沿试样周向的瞬时应力可以根据图中所示的几何和力学关系确定。同样利用 CCD 数码相机记录的标距两端点间的瞬时垂直距离，根据图 6-19 中所示几何关系试样沿周向的瞬时应变也可以确定。

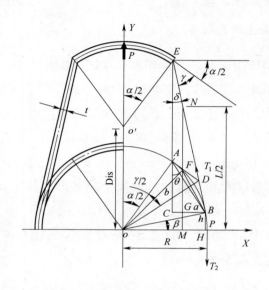

图 6-19　环形拉伸试验几何模型（上半部分）

B　应力应变的确定方法可靠性验证

为了验证本研究中应力应变计算方法的准确性，对环形拉伸试验过程进行了有限元仿真模拟。根据模拟结果，利用本研究中的计算方法可以得到一个相关材料的真应力-真应变曲线，将此曲线与原始输入到模拟软件中的曲线进行对比分析，可以判断此方法的可靠性。

模拟过程在 ANSYS/LS-DYNA 上进行，采用 4 节点壳体模型（4-node shell 163 full model），划分网格后的模型如图 6-20 所示。假定钢管为弹塑性材料，中心支撑部分和销钉为刚体。图 6-21 为模拟过程中输入曲线与根据模拟结果利用本研究中提供的方法计算所得曲线的对比图，可以看出，两曲线的变化趋势基本一致。与原始值相比，真应力真应变值偏小，这是由于在计算过程中考虑到了摩擦的影响，因此计算所得值比原始值稍小。

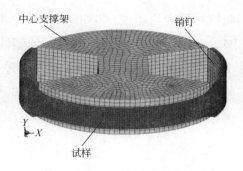

图 6-20　环形拉伸试验有限元模型

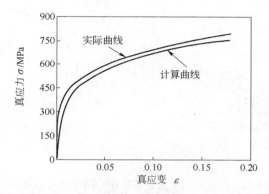

图 6-21　FEM 中输入与计算所得真应力-真应变曲线

6.3.2.3　实验结果

表 6-3 所示为利用环形拉伸试验确定的不同热处理条件下的各钢管试样的周向力学性能。

表 6-3　热处理后各钢管的周向力学性能

热处理编号	抗拉强度 σ_b/MPa	屈服强度 $\sigma_{0.2}$/MPa	伸长率 δ/%	强塑积 /MPa·%	应变硬化系数 K/MPa	应变硬化指数 n
1	635	325	26.7	16955	1315.2	0.34
2	698	340	25.0	14944	1260.5	0.34
3	608	320	31.2	18941	1423.0	0.39
4	600	320	31.1	18660	1253.4	0.37
5	610	325	30.2	18091	1319.6	0.35
6	655	363	29.8	19502	1469.0	0.36
7	614	313	28.1	17262	1313.3	0.34

　　各钢管试样的周向抗拉强度均超过 600MPa，伸长率均超过了 25%，其中伸长率最大值为 31.2%，表明它们在周向具有良好的塑性；它们的周向应变硬化系数 K 均超过了 1000MPa，应变硬化指数 n 也均超过了 0.3，表明各钢管周向变形时具有很好的形变强化能力。图 6-22 所示为部分钢管试样热处理后的应力-应变曲线，可以看出，曲线延伸的较长，说明试样具有较好的伸长率。

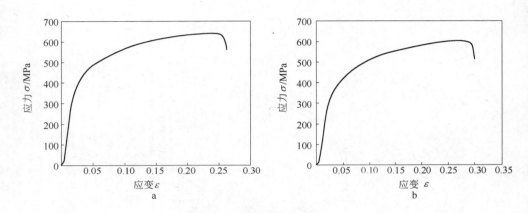

图 6-22　热处理后部分钢管试样的周向应力-应变曲线

a—800℃×10min+410℃×2min；b—800℃×10min+410℃×4min

6.3.3　液压自由膨胀性能的研究

　　作为一种直接研究管材内高压成型性能的试验手段，液压自由膨胀试验可以用来获得管材的内高压成型极限[67]。为了研究 TRIP 钢管的内高压成型性能，在本研究中自行设计了自由膨胀实验装置，获得了不同化学成分不同热处理条件下 TRIP 钢无缝管的内高压成型极限以及等效应力-等效应变曲线。

6.3.3.1　试验方法及材料

　　本研究中设计开发的液压膨胀试验设备如图 6-23 所示。实验过程中使用两个位移传感器测量管材的瞬时膨胀高度，在试验过程中，两端的冲头保持不动，管材自由膨胀，此时管端可以自由移动。液压膨胀设备安装在如图 6-24所示试验设备上，此设备为日本 AMINO 公司生产的 TM050 管材内高压成型试验机，传递压力的介质是水和矿物油的乳化液（水+0.2%日本工作油HP-9）。试验过程中用两个位移传感器测量记录管材膨胀的瞬时高度，管材内部的瞬时内压值由设备本身自带的压强传感器测得，并通过计算机记录。

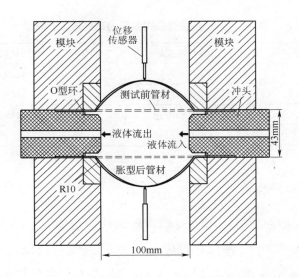

图 6-23 液压自由膨胀试验设备示意图

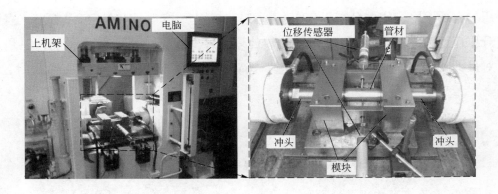

图 6-24 液压膨胀设备图

为了研究液压自由膨胀过程中不同变形速率对 TRIP 钢无缝管成型性能的影响，本研究中分别采用 0.2MPa/s 和 0.5MPa/s 的升压速度，试验在室温下进行。管材试样的尺寸为 200(L)×1.5(t)×φ43mm。所用材料及其对应的热处理工艺分别如表 6-4 和表 6-5 所示。热处理后各钢管轴向抗拉强度均超过 600MPa，伸长率均超过 30%，残余奥氏体体积含量均超过 7%。

表 6-4   液压自由膨胀用钢管的化学成分（质量百分比,%）

C	Si	Mn	Nb	Ti	Al	S	P
0.14	1.34	1.31	0.029	0.030	0.04	0.002	0.006

表 6-5   液压自由膨胀用钢管的热处理工艺制度

热处理工艺编号	临界区退火	贝氏体区等温淬火
1	810℃×5min	410℃×4min
2	810℃×5min	410℃×6min
3	810℃×10min	410℃×4min
4	810℃×10min	410℃×6min

6.3.3.2   实验结果

图 6-25 所示为液压自由膨胀后 TRIP 钢管的实物图。图 6-26 所示分别为内压升压速度为 0.2MPa/s 与 0.5MPa/s 时膨胀高度与内压之间的关系。可以看出，当内压升压速度为 0.2MPa/s 时，各试样发生屈服时的内压分布在 25MPa 与 32.5MPa 之间。而当升压速度为 0.5MPa/s 时，各试样屈服时的内压均有所下降，主要分布于 22.5MPa 与 27.5MPa 之间。同时还可以看出，当升压速度为 0.2MPa/s 时，钢管的热处理条件对最大内压有较大影响，但是对最大膨胀高度的影响却不大（图 6-26a）。当内压升压速度为 0.5MPa/s 时，

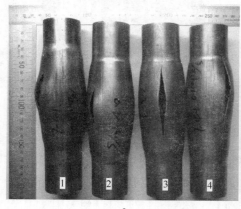

图 6-25   液压自由膨胀后的 TRIP 钢无缝管

a—0.2MPa/s；b—0.5MPa/s

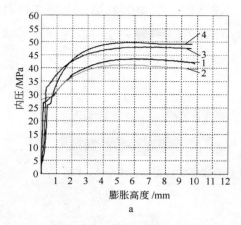 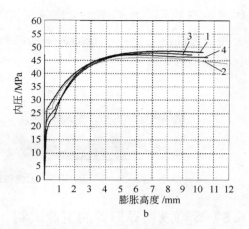

图 6-26 内压增压速度为 0.2MPa/s 和 0.5MPa/s 时热处理后钢管自由膨胀高度与内压的关系

（1，2，3，4 为表 6-3 中热处理编号）

热处理条件对最大内压的影响不大，但是对最大膨胀高度有较大影响（图 6-26b）。在两种不同的内压增压速度下，与其他试样相比，具有较高残余奥氏体体积分数及较大伸长率的钢管（热处理编号为 2 对应的 TRIP 钢无缝管）破裂时的最大内压最小，膨胀高度最大。图 6-27 所示是不同热处理条件下钢管的等效应力-等效应变曲线。

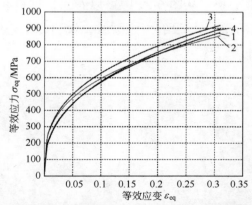

图 6-27 利用自由膨胀试验得到的热处理后钢管的等效应力-等效应变曲线

（1，2，3，4 为表 6-3 中热处理编号）

6.4 实验室 T 形管接头的试制

为了进一步验证 TRIP 钢无缝管在内高压成型工艺中应用的可能性，本研究中利用开发的 TRIP 钢无缝管进行了 T 形管接头的试制，制备的 T 形管接头如图 6-28 所示。虽然图中 T 形管接头因受设备内压能力的限制，没能达到更大的凸台高度，但可以看出，采用试制的 TRIP 钢无缝管完全可以生产出形状复杂的内高压成型零部件。

图 6-28　利用 TRIP 钢无缝管试制的部分 T 型管接头实物图

6.5　冷弯成型异形管的工业试制

以钢管为原料的矩形管和异形管，已越来越广泛地被应用于机械、建筑、车辆、船舶等行业。但在钢管加工成矩形或异形管件时，可能会在变形过程中发生弯角部分开裂的现象，以致产品质量不合格。本节采用中频感应热处理方法得到的无缝 TRIP 钢管在沈阳东洋异形钢管公司进行了复杂形状的冷弯异形管工业试制。

图 6-29 为试制异形管的实物照片，在变形区 P 处取试样来进行金相显微分析和透射电子显微分析。从图 6-29 中可以看出，材料在进行冷弯处理后，在截面和弯角最严重的部位均没有发现裂纹，说明此工艺处理后的钢管具有优良的冷弯成型性能。

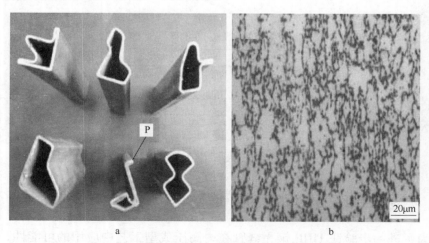

a   b

图 6-29　试制管材的冷弯成型实例（a）及变形区 P 点的金相显微像（b）

7 结 论

本文介绍了钢管热处理工艺、控制冷却技术在钢管中的应用现状，结合天津钢管加速冷却系统应用状况，对生产过程中出现的钢管表面螺旋形温度分布不均现象进行了分析，在加速冷却系统冷却器设计基础上，设计出环形斜缝喷嘴，成功应用于宝鸡钢管公司柔性热处理设备、连续热处理装置控制冷却工艺上。同时，详细论述了 RAL 实验室利用自行设计的具有控冷功能的实验装置开发普通热轧 Q345B 无缝钢管、冷拔 Q345 无缝钢管为 DP 钢管及开发冷拔 TRIP 无缝钢管的工艺过程。利用拉伸实验对冷拔 Q345 无缝钢管试制的 DP 钢管的力学性能进行了分析；利用普通拉伸、管端扩口、环形拉伸及液压自由膨胀等试验手段对 TRIP 钢无缝管力学性能及内高压成型性能进行了系统研究，采用试制的 DP 钢、TRIP 钢无缝管成功试制了 T 型管接头和冷弯异形管。结果表明，试制的 DP 钢管、TRIP 钢管均具有良好的成型性能，可以在内高压成型和冷弯成型领域中推广应用。

研究过程中得出以下重要结论：

（1）加速冷却控制系统的应用效果表明该控制系统可满足无缝钢管加速冷却工艺的要求。冷却后的钢管产品综合性能显著提高，可以成为无缝钢管控制冷却技术应用的有效途径。

（2）将超快冷技术融入到管材热处理工艺中的柔性热处理设备可实现在保护气氛下对钢管进行喷气、喷水和喷气雾等多种冷却方式下热处理过程的模拟，实验试样尺寸大，弥补了传统热模拟实验试样小的不足，为今后开发原材料及管材热处理工艺技术提供新的借鉴。

（3）在超快速冷却系统上，设计开发出环形斜缝喷嘴，其特殊的结构设计，通水时可产生螺旋环形水孔，加热钢管通过时冷却均匀、冷速大（可直接淬火），有效解决了因冷却器在钢管周向冷却能力的不均匀分布造成冷却过程中螺旋形温度分布不均问题。现场应用效果表明，超快冷系统冷却效果可满足管材热处理工艺开发要求，是一项可行的管材控冷技术。

（4）采用中频感应加热+超快冷淬火的方法对钢管进行热处理，可以开发出以热轧和冷拔 Q345 钢管为原料的 DP 钢管。钢管在感应加热设备上可以非常容易地实现循环热处理工艺，进而获得超细晶组织的 DP 钢管。对于冷拔 Q345 钢管，只需要一次中频感应淬火处理就可以得到超细晶钢管。

（5）中频感应加热+控制冷却+等温处理得到 TRIP 基体的无缝钢管，消除了原有的带状组织，其基体内的残余奥氏体含量约占 10%。此外，晶粒取向十分分散，没有明显的优势织构特征，基体内基本全部为有利于韧性的大角度晶界，说明可以采用更为便捷的中频加热+控制冷却+等温处理的工艺替代传统的燃气或盐浴加热的两段式热处理工艺来实现 TRIP 钢管连续化工业生产。

（6）对试制的 DP 无缝钢管和 TRIP 无缝钢管，经冷弯异形管成形的成型结果表明，试制钢管具有良好的成型性能，由此说明，在钢管生产领域，利用超快冷技术对钢管热处理工艺路径进行控制，可开发出性能优良的高品质钢管，结合中频加热技术，可实现钢管的在线连续处理，期待本技术有更为深入的后续研究和大面积的推广应用成果。

参 考 文 献

[1] 李群，高秀华. 钢管生产 [M]. 北京：冶金工业出版社，2008：1~3.

[2] 杨秀琴. 关于我国钢管行业发展战略的思考（上）[J]. 钢管，2006，35（1）：12~18.

[3] 杨秀琴. 关于我国钢管行业发展战略的思考（下）[J]. 钢管，2006，35（2）：10~14.

[4] 李长穆，等. 现代钢管生产 [M]. 北京：冶金工业出版社，1982：357~363.

[5] 陈绍林. 在线常化工艺对 J55 钢管性能的影响 [J]. 钢管，1999，28（4）：9~11.

[6] 余伟，陈银莉，蔡庆伍，等. N80 级石油套管在线常化工艺的优化 [J]. 钢铁，2002，37（5）：46~49.

[7] 周勇. 微合金非调质钢 N80 油井管研制 [J]. 轧钢，2007，24（3）：25~29.

[8] 殷光虹. 钢管在线加速冷却技术开发 [J]. 宝钢技术，2006，3：1~5.

[9] 商艳，李龙，丁桦. 用快速冷却工艺生产高强度多相钢的实验研究 [J]. 轧钢，2007，24（1）：10~14.

[10] 鞍山钢铁公司. 在冷床上加速冷却钢管的装置 [P]. 中国，92202535.5，1992.

[11] 殷光虹. 宝钢油井管水淬技术的开发研究 [J]. 钢管，2001，30（5）：1~6.

[12] 近藤邦夫，小溝裕一. 厚肉耐さわーX70シームレスラインパイプの開発 [J]. CAMP-ISIJ，2004，17：302~304.

[13] 荒井勇次，近藤邦夫，岩本宏之. 中径シームレス鋼管製造技術の開発 [J]. CAMP-ISIJ，2006，19：393.

[14] 肖纪美. 金属的韧性 [M]. 上海：上海科学技术出版社，1980.

[15] 王有铭，李曼云，韦光. 钢材的控制轧制控制冷却 [M]. 北京：冶金工业出版社，2009.

[16] 小指军夫. 控制轧制控制冷却——改善钢材材质的轧制技术发展 [M]. 李伏桃，陈岿，译. 北京：冶金工业出版社，2002.

[17] 翁宇庆. 超细晶钢——钢的组织细化理论与控制技术 [M]. 北京：冶金工业出版社，2003.

[18] 王国栋. 控轧控冷技术的发展及在钢管轧制中应用的设想 [J] 钢管，2011，40（2）：1~8.

[19] 张芳芳. 热轧实验轧机多功能冷却装置的研究与应用 [D]. 沈阳：东北大学，2011.

[20] 崔忠圻. 金属学与热处理 [M]. 北京：机械工业出版社，2001.

[21] 李超. 金属学原理 [M]. 哈尔滨：哈尔滨工业大学出版社，1996.

[22] 王国栋，姚圣杰. 超快速冷却工艺及其工业化实践 [J]. 鞍钢技术，2009，360（6）：1~5.

[23] 宫志民. 无缝钢管加速冷却控制系统研究 [D]. 沈阳：东北大学，2008.

[24] 钟锡弟. 现代 Assel 轧管工艺的特点及其产品定位 [J]. 天津冶金, 2006, 1: 14~17.

[25] 钟锡弟, 伍家强, 庄刚. 现代 ϕ219mm 阿塞尔轧管机组的生产装备技术 [J]. 钢管, 2007, 36 (4): 28~32.

[26] 王有铭, 李曼云, 韦光. 钢材的控制轧制和控制冷却 [M]. 北京: 冶金工业出版社, 1999, 88~95.

[27] 牛济泰. 材料和热加工领域的物理模拟技术 [M]. 北京: 国防工业出版社, 1999, 1~69.

[28] 翁宇庆. 轧钢新技术 3000 问 (中) [M]. 北京: 中国科学技术出版社, 2005: 124~126.

[29] 骆宗安. 新一代热力模拟实验技术与装备-MMS-100 热力模拟实验机的研制 [D]. 沈阳: 东北大学, 2006.

[30] 骆宗安, 王国栋, 冯莹莹, 吴庆林. 一种钢管超快速冷却装置 [P]. 中国, CN201210345413.4. 2013-01-16.

[31] Liedl U, Traint S, Werner E A. An unexpected feature of the stress-strain diagram of dual-phase steel [J]. Computational Materials Science, 2002, 25 (1-2): 122~128.

[32] 赵征志, 牛枫, 唐荻, 等. 超高强度冷轧双相钢组织与性能 [J]. 北京科技大学学报, 2010, 32 (10): 1287~1291.

[33] Park K S, Park K T, Lee D L, et al. Effect of heat treatment path on the cold formability of drawn dual-phase steels [J]. Materials Science and Engineering A, 2007, 449~451: 1135~1138.

[34] 王三云. 钢管中频感应加热热处理的优点和最新技术 [J]. 焊管, 2001, 24 (3): 41~47.

[35] 刘志儒. 金属感应热处理 (上册) [M]. 北京: 机械工业出版社, 1985: 28~29.

[36] Krauss G. Steels: processing, structure, and performance [M]. Pittsburgh: ASM International, 2005, 301.

[37] 陈建刚, 卢凤双, 张敬霖, 等. 循环热处理对 3J33 (C) 马氏体时效组织、性能的影响 [J]. 金属功能材料, 2010, 17 (2): 16~19.

[38] Calcagnotto M, Adachi Y, Ponge D, et al. Deformation and fracture mechanisms in fine and ultrafine-grained ferrite/martensite dual-phase steels and the effect of aging [J]. Acta Materialia, 2011, 59 (2): 658~670.

[39] Chashchukhina T I, Degtyarev M V, Voronova L M. Effect of the dominant process of structure formation during high-pressure deformation on the parameters of the hall-petch equation [J]. Bulletin of the Russian Academy of Science: Physics, 2007, 71 (5): 724~727.

［40］Han B Q，Yue S. Processing of ultrafine ferrite steels［J］. Journal of Materials Processing Technology，2003，136（1~3）：100~104.

［41］Azevedo G，Bardosa R，Pereloma E V，et al. Development of an ultrafine grained ferrite in a low C-Mn and Nb-Ti microstructure in low carbon steel［J］. Materials Science and Engineering：A，2005，402（1~2）：98~108.

［42］Nagai K. Ultrafine-grained ferrite steel with dispersed cementite particles［J］. Journal of Materials Processing Technology，2001，117（3）：329~332.

［43］F. J. 汉姆弗莱斯，刘秀瀛. 位错与硬粒子的交互作用［J］. 材料科学与工程学报，1985，（3）：23~25.

［44］Yen H W，Chen P Y，Huang C Y，et al. Interphase precipitation of nanometer-sized carbides in a titanium-molybdenum-beating low-carbon steel［J］. Acta Materialia，2011，59（16）：6264~6274.

［45］Sugimoto K I，Muramatsu T，Hashimoto S I，et al. Formability of Nb bearing ultra high-strength TRIP-aided sheet steels［J］. Journal of Materials Processing Technology，2006，177（1~3）：390~395.

［46］De Cooman B C. Structure-properties relationship in TRIP steels containing carbide-free bainite［J］. Current Opinion in Solid State and Materials Science，2004，8（3~4）：285~303.

［47］Sakuma Y，Matlock D. K，Krauss G. Intercritically annealed and isothermally transformed 0. 15pct C steels containing 1. 2pct Si - 1. 5pct Mn and 4pct Ni：Part II. Effect of testing temperature on stress-strain behavior and deformation induced austenite transformation［J］. Metallurgical Transactions A，1992，23（4）：1233~1241.

［48］Zaefferer S，Romano P，Friedel F. EBSD as a tool to identify and quantify bainite and ferrite in low-alloyed Al-TRIP steels［J］. Journal of Microscopy，2008，230（3）：499~508.

［49］Emadoddin E，Akbarzaheh A，Daneshi G h. Effect of intercritical annealing on retained austenite characterization in textured TRIP-assisted steel sheet［J］. Materials Characterization，2006，57（4~5）：408~413.

［50］Sugimoto K，Usui N，Kobayashi M，et al. Effects of volume fraction and stableility of retained austenite on ductility of TRIP-aided dual-phase steels［J］. ISIJ International，1992，32（12）：1311~1318.

［51］Tomota Y，Tokuda H，Wakita M，et al. Tensile behavior of TRIP-aided multi-phase steels studied by in-situ neutron diffraction［J］. Acta Materialia，2004，52（20）：5737~5745.

［52］Srivastava A K，Jha G，Gope N，et al. Effect of heat treatment on microstructure and mechanical properties of cold rolled C-Mn-Si TRIP-aided steel［J］. Materials Characterization，2006，

57 (2): 127~135.

[53] Sugimoto K I, Kobayashi M, Yasuki S I. Cyclic deformation behavior of a transformation – induced plasticity–aided dual–phase steel [J]. Metallurgical and Materials Transactions A, 1996, 28 (12): 2637~2644.

[54] Mukherjee M, Singh S B, Mohanty O N. Neural network analysis of strain induced transformation behavior of retained austenite in TRIP–aided steels [J]. Materials Science and Engineering: A, 2006, 434 (1~2): 237~245.

[55] Jacques P J. Transformation–induced plasticity for high strength formable steels [J]. Current Opinion in Solid State and Materials Science, 2004, 8 (1~3): 259~265.

[56] Brauser S, Kromm A, Kannengiesser Th, et al. In – situ synchrotron diffraction and digital image correlation for characterizations of retained austenite stableility in low – alloyed transformation induced plasticity steel [J]. Scripta Materialia, 2010, 63 (12): 1149 ~1152.

[57] Berranmounce M R, Berveiller S, Inal K, et al. Analysis of the martensitic transformation at various scales in TRIP steel [J]. Materials Science and Engineering: A, 2004, 378 (1~ 2): 304~307.

[58] Airod A, Petrov R, Colas R, et al. Analysis of the TRIP effect by means of axisymmetric compressive Tests on a Si–Mn bearing steel [J]. ISIJ International, 2004, 44 (1): 179~186.

[59] Iwamoto T, Tsuta T. Computational Simulation of the Dependence of the Austenite Grain Size on the Deformation Behavior of TRIP Steels [J]. International Journal of Plasticity, 2000, 16 (7~8):179~186.

[60] Han H N, Oh C S, Kim G S, et al. Design method for TRIP–aided multiphase steel based on a microstructure–based modeling for transformation–induced plasticity and mechanically induced martenstitc transformation [J]. Materials Science and Engineering: A, 2009, 499 (1~2): 462~468.

[61] Suh J Y, Byun J S, Shim J H, et al. Acicular ferrite microstructure in titanium bearing low carbon steels [J]. Material Science and Technology, 2000, 16 (11~12): 1277~1281.

[62] Manabe K, Yoshida Y. Evaluation of hydroformability of steel pipes by conical flaring test [C] //proceedings of the Proceedings of the 3rd International Conference on Tube Hydroforming –Tubehydro 2007. Harbin, 2007.

[63] Mirzai M A, Manabe K. Deformation characteristics of microtubes in flaring test [J]. Journal of Materials Processing Technology, 2008, 201 (1/2/3): 214~219.

[64] Manabe K, Nishimura H. Forming loads and forming limits in conical nosing of tubes–study on

nosing and flaring of tubes ［J］ Journal of the Japan Society for Technology of Plasticity，1982，23（255）：335~342.

［65］Manabe K，Tsuchiya A，Yoshida Y. Effect of lubricant conditions on flaring deformation limit of steel pipes ［C］ // Proceeding of the 2005 Japanese Spring Conference for the Technology of Plasticity. Niyigata，2005.

［66］Arsene S，Bai J. New approach to measuring transverse properties of structural tubing by a ring test-experimental investigation ［J］．Journal of Testing and Evaluation，1998，26（1）：26~30.

［67］真鍋健一．パイプのバルジ加工と最近の技術動向 ［J］．プレス技術，1995，26（3）：25~31.